ÉLÉMENTS

D'ARPENTAGE

DE LEVER DES PLANS ET DE NIVELLEMENT

PRÉCÉDÉS DES NOTIONS DE GÉOMÉTRIE
NÉCESSAIRES A L'INTELLIGENCE DE CES CONNAISSANCES

A L'USAGE DES ÉCOLES

Par M. ALBOISE DU PUJOL

INSPECTEUR DE L'ACADÉMIE DE PARIS.

DEUXIÈME ÉDITION

PARIS,

IMPRIMERIE ET LIBRAIRIE CLASSIQUES

DE JULES DELALAIN et FILS

RUE DES ÉCOLES, VIS-A-VIS DE LA SORBONNE.

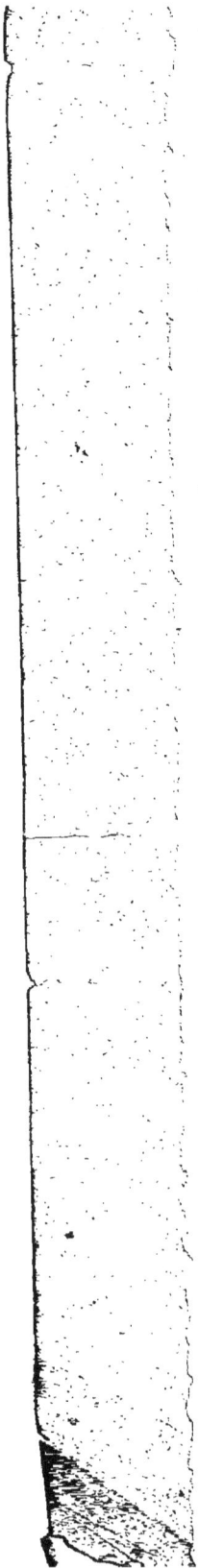

ARPENTAGE.

Ouvrages du même auteur :

Éléments d'Arithmétique et de Système métrique, à l'usage des écoles ; 1 vol. in-18, avec gravures dans le texte.

Éléments de Géométrie pratique et de Perspective, à l'usage des écoles; 1 vol. in-18, avec gravures dans le texte.

Lectures instructives sur les découvertes et les inventions de la science et de l'industrie, livre de lecture à l'usage des écoles ; 1 vol. in-12.

ÉLÉMENTS

D'ARPENTAGE

DE LEVER DES PLANS ET DE NIVELLEMENT

PRÉCÉDÉS DES NOTIONS DE GÉOMÉTRIE

NÉCESSAIRES A L'INTELLIGENCE DE CES CONNAISSANCES

A L'USAGE DES ÉCOLES

Par M. ALBOISE DU PUJOL

INSPECTEUR DE L'ACADÉMIE DE PARIS.

DEUXIÈME ÉDITION.

PARIS.

IMPRIMERIE ET LIBRAIRIE CLASSIQUES

De JULES DELALAIN et FILS

RUE DES ÉCOLES, VIS-A-VIS DE LA SORBONNE.

M DCCC LXV.

ÉLÉMENTS
D'ARPENTAGE.

I. NOTIONS DE GÉOMÉTRIE.

CHAPITRE PREMIER.

Définitions.

Dimensions de l'étendue : volume, surface, ligne, point. — Diverses sortes de lignes. — Tracé des lignes. — Diverses sortes de surfaces. — Surfaces, lignes, points, fournis par les moyens mécaniques ou par l'imagination.—Fixation de la surface plane et de la ligne droite : application à une table. — Termes employés en géométrie. — Signes usités en géométrie.

1. On peut considérer l'*étendue* de trois manières et rien que de trois manières, savoir : 1° de droite à gauche ou de gauche à droite ; 2° de haut en bas ou de bas en haut ; 3° de la partie antérieure à la partie postérieure. C'est ce que l'on appelle les trois dimensions de l'étendue.

2. Un objet qui affecte nos sens, et qui a les trois dimensions, est un *corps* ; mais si on fait abstraction de la propriété qu'il a d'affecter les sens, si on ne le considère que sous le rapport des trois dimensions, on l'appelle *volume*.

Ne prenons que deux dimensions ensemble, nous aurons une *surface* ;

N'envisageons dans l'étendue qu'une seule dimension, nous aurons une *ligne* ;

Enfin ayons l'étendue sans dimensions, nous aurons un *point*.

Ainsi le *volume* est ce qui a trois dimensions, la *surface* ce qui en a deux, la *ligne* ce qui n'en a qu'une, et le *point* ce qui n'en a pas.

On peut encore considérer le *point* comme l'extrémité de la ligne, la *ligne* comme l'extrémité de la surface, et la *surface* comme l'extrémité du corps.

3. Il est plusieurs sortes de lignes.

1° La *ligne droite* est le plus court chemin d'un point à un autre. On conçoit une infinité de chemins pour aller d'un point à un autre ; mais, parmi tous ces chemins, il en est un qui est le plus court de tous ; la direction prise pour ce dernier est appelée la ligne droite, et il est évident qu'il ne peut y en avoir deux différentes entre deux points.

2° La *ligne brisée* est composée de lignes droites.

1.

3° La *ligne courbe* est celle qui n'est ni droite ni composée de lignes droites.

4. L'instrument qui sert à tracer une ligne droite, c'est la *règle*. Quand les tranchants de deux règles coïncident parfaitement dans quelque position qu'on les place l'un sur l'autre, on peut être sûr qu'elles sont bonnes. Il est clair que la règle servira encore à tracer des lignes brisées. Quant aux lignes courbes, il en est une infinité, et il existe des instruments qui servent à en tracer quelques-unes.

5. On considère en géométrie plusieurs sortes de surfaces.

1° La *surface plane* est celle sur laquelle une droite peut s'appliquer dans tous les sens. Ainsi, pour vérifier si une surface est plane, il suffit d'y placer une règle exacte et de la mettre dans toutes les positions. Si le tranchant de la règle coïncide toujours avec la surface, celle-ci est plane. La surface plane est encore appelée *plan*.

2° La *surface brisée* est celle qui est composée de plusieurs surfaces planes.

3° La *surface courbe* n'est ni plane ni composée de surfaces planes.

6. Le point, la ligne, la surface n'existent pas matériellement séparés, isolés. Tous les points que nous faisons ont une certaine étendue; toutes les lignes que nous traçons ne devraient avoir que la longueur, et elles ont encore les deux

autres dimensions; enfin la feuille de papier la plus mince n'est pas une véritable surface; mais si nous ne pouvons pas physiquement former ces éléments, nous les concevons très-bien isolés, et quand nous les tracerons sur un tableau, nous raisonnerons tout comme s'ils étaient parfaits.

Un point ne suffit pas pour fixer la position d'une ligne droite, car on conçoit qu'elle tourne autour de ce point; mais si, dans ce mouvement, on arrête un point de la droite, on arrêtera la ligne elle-même; ce qui prouve que deux points sont nécessaires pour fixer la position d'une droite.

Si on fait passer un plan par une droite ou par deux points, on pourra lui faire prendre une infinité de positions; mais si on fixe un autre point du plan, celui-ci sera arrêté; d'où il suit que trois points sont nécessaires pour déterminer la position d'un plan. C'est pour cela que les tables à trois pieds ne vacillent jamais sur quelque terrain que ce soit.

La ligne, la surface et le volume sont des quantités; car on conçoit facilement que ces objets augmentent et diminuent. On peut donc les mesurer, et c'est le but de la géométrie.

De quelques termes et de quelques signes employés en Géométrie.

7. Un *axiome* est une vérité évidente par elle-même et qui n'a pas besoin de preuve.

Un *théorème* est une vérité qui devient évidente au moyen d'un raisonnement appelé démonstration. Un théorème renferme toujours deux parties : l'*hypothèse* et la *conséquence*. Ce n'est pas en géométrie seulement qu'il y a des théorèmes, il y en a dans toutes les autres sciences. Ainsi quand on dit : « On peut intervertir l'ordre de deux facteurs sans en altérer le produit ; » l'hypothèse est : « On intervertit l'ordre de deux facteurs ; » et la conséquence : « Le produit n'est pas altéré. » Il importe de bien distinguer dans un théorème l'hypothèse de la conséquence pour faire une bonne démonstration.

Un *corollaire* est une vérité qui se déduit directement et facilement d'un théorème.

8. Pour indiquer que l'on fait l'addition de deux quantités, on réunit ces deux quantités par le signe $+$, qui signifie *plus ;* ainsi $7 + 8$ indique que l'on ajoute 7 à 8. Pour la soustraction, on emploie le signe $-$, qui signifie *moins ;* si donc on veut désigner la soustraction 8 ôté de 11, on écrira $11 - 8$. Le signe $\times$, qui signifie *multiplié par*, est employé pour la multiplication.

Enfin, pour exprimer que deux quantités sont égales, on emploie le signe =. On écrira donc $7 + 8 = 15$. Pour exprimer qu'une quantité est plus grande ou plus petite qu'une autre, on emploie les deux signes $> <$: ainsi $9 > 6$ signifie 9 plus grand que 6, et $6 < 9$ signifie 6 plus petit que 9.

CHAPITRE II.

Des angles.

Définition de l'angle; côtés et sommets ; manière de désigner un angle. — L'angle est une quantité. — Direction d'une ligne droite. — Angle droit, angle obtus, angle aigu. — Manière de faire des angles droits. — Perpendiculaires et obliques. — Somme d'angles égale à deux angles droits. — Angles opposés au sommet.

9. Si sur un plan on trace deux lignes droites partant du même point, l'espace plan indéfini compris entre ces lignes s'appelle *angle*.

Le point d'où partent ces lignes s'appelle *sommet*, et les deux droites, *côtés*.

Pour désigner un angle on emploie trois lettres, de telle sorte que celle du sommet soit énoncée entre les deux autres.

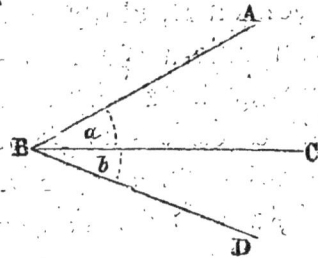

Ainsi pour désigner l'angle où est la lettre *a* (*fig.* 1), on dira ABC et non ACB ou CAB; pour désigner l'angle où se trouve la lettre *b*, on dira CBD. Le point B est commun aux angles, c'est le sommet; les droites BA,

Fig. 1.

BC, BD en sont les côtés.

L'angle est une quantité, puisqu'il est susceptible d'augmentation et de diminution, et par suite on peut le mesurer.

La grandeur d'un angle ne dépend pas de la longueur de ses côtés, mais de l'écartement de ces mêmes côtés. Tel angle avec des côtés très-longs peut être très-petit, tandis qu'un angle avec des côtés très-petits peut être très-grand.

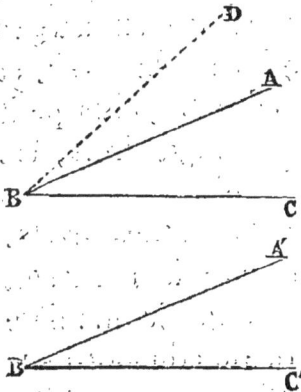

10. La direction d'une droite dépend de l'angle qu'elle fait avec une autre droite et non de sa grandeur.

Ainsi supposons deux angles égaux (*fig.* 2) ABC, A'B'C'. Par la pensée

Fig. 2.

transportons l'angle A′B′C′ sur l'angle ABC, de telle sorte que le point B′ soit en B, et que B′C′ soit sur BC, quelle direction suivra B′A′? Évidemment celle de BA, puisque les angles sont égaux. Si, au contraire, A′B′C′ était plus grand que ABC, le côté B′A′ prendrait la direction BD.

11. Le plus remarquable des angles c'est l'*angle droit*. Supposons qu'une droite CD (*fig. 3*) en rencontre une seconde AB; elle formera avec celle-ci des angles CDB, CDA. Si ces deux angles sont égaux on les appelle *angles droits*, et la droite CD est dite perpendiculaire à AB. Si les angles CDB, CDA sont inégaux, la ligne CD est dite oblique par rapport à AB.

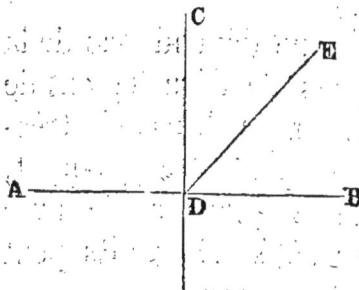

L'angle EDA, plus grand qu'un angle droit, est dit *obtus*, et l'angle EDB, plus petit qu'un angle droit, est dit *aigu*.

Fig. 3.

Il est très-facile de former des angles droits. Prenez une feuille de papier dont le bord soit en ligne droite: pliez cette feuille de manière à appliquer exactement une fraction du bord sur l'autre portion et qu'elles coïncident parfaitement; le pli fait sur la feuille fera une perpendiculaire sur la ligne droite qu'affecte le bord, et vous aurez un angle droit de chaque côté.

12. **Théorème.** *Par un point pris sur une droite on ne peut élever qu'une seule perpendiculaire à cette droite (fig. 3).*

Hypothèse : DC est perpendiculaire à AB.

Conséquence : DE ne l'est pas.

Il suffit de faire voir que les angles ADE, EDB que fait DE avec AB ne sont pas égaux [11] : on s'en rend facilement compte en remarquant que d'après l'hypothèse l'angle ADC est égal à CDB [11]; que si on augmente le premier de CDE on a l'angle ADE, et que si on diminue le deuxième de CDE on a EDB; on obtient ainsi les deux angles ADE, EDB inégaux; donc DE n'est pas perpendiculaire à AB.

Corollaire. Une droite ne saurait avoir qu'un seul prolongement.

13. **Théorème.** *Tous les angles droits sont égaux entre eux (fig. 4).*

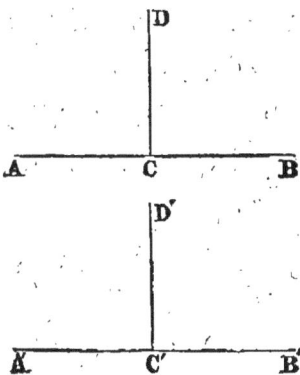

Fig. 4.

Hypothèse : Les angles donnés ACD, DCB et A'C'D', D'C'B' sont droits.

Conséquence : Ces angles sont égaux.

Supposons que l'on transporte l'ensemble de la figure A'B'C'D' sur la figure ABCD, de telle sorte que la ligne droite

1.

A'B' coïncide avec AB et que le point C' soit sur le point C ; la ligne droite C'D' ne pourra prendre que la direction CD, sans quoi il y aurait deux perpendiculaires à la même droite AB et au même point, ce qui est contraire au théorème précédent. On voit donc que les angles des deux figures coïncident parfaitement ; donc les angles droits sont égaux.

14. *Corollaire.* Pour avoir une somme d'angles égale à deux angles droits, il suffit de mener une droite qui en coupe une autre ; car les deux angles ainsi formés comprennent les deux angles droits que l'on aurait en menant une perpendiculaire par le point d'intersection. Il en serait de même si par le même point on menait plusieurs droites.

15. Théorème. *Lorsqu'un angle est plus petit que deux angles droits, il n'y a qu'un seul angle qui, ajouté au premier, puisse faire avec lui une somme égale à deux angles droits (fig. 5).*

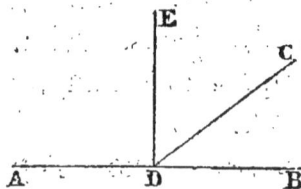

Fig. 5.

Hypothèse : L'angle ADC est plus petit que deux angles droits.

Conséquence : Il n'y a qu'un seul angle BDC qui fasse avec ADC une somme d'angles égale à deux angles droits.

Soit AD prolongée suivant DB (et il ne peut y

avoir que ce prolongement, Corollaire 12), l'angle BDC ajouté à ADC formera une somme égale à deux angles droits. Tout autre angle que BDC sera plus grand ou plus petit que BDC, et formera avec ADC une somme plus grande ou plus petite que deux angles droits.

16. Théorème. *D'un point pris hors d'une droite on ne peut abaisser qu'une seule perpendiculaire sur cette droite (fig. 6).*

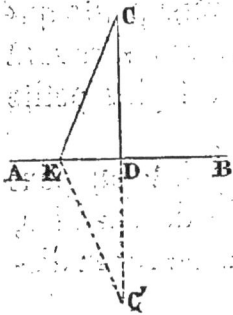

Hypothèse : CD a été abaissée du point C perpendiculaire à AB.

Conséquence : Toute autre droite CE partant du même point C n'est pas perpendiculaire à AB.

Fig. 6.

Prolongeons CD d'une longueur DC′ = CD et menons EC′; c'est comme si on avait replié la figure autour de AB; les parties placées au-dessous de AB sont respectivement égales à celles qui sont placées au-dessus de AB; d'où il suit que si CDC′ est une ligne droite, CEC′ ne l'est pas [6]; donc les deux angles CED, DEC′ ne forment pas une somme égale à deux angles droits [15]; mais puisqu'ils sont égaux, l'un d'eux CED n'est pas égal à la moitié de deux angles droits, ou en d'autres termes, CED n'est pas un angle droit ; donc CE n'est pas perpendiculaire à AB.

17. Théorème. *La perpendiculaire abaissée d'un point sur une droite est la plus courte distance de ce point à la droite (fig. 6).*

Hypothèse : CD est perpendiculaire à AB.

Conséquence : CD est plus courte que toute autre droite CE partant du point C et s'arrêtant à AB.

En repliant la figure autour de AB, comme au théorème 16, on a une ligne CDC' plus petite que CEC', et comme les parties correspondantes sont égales, la moitié de CDC' ou CD est plus petite que la moitié de CEC' ou CE.

18. *Corollaire.* Comme d'un point on peut aller à une droite par une foule de chemins, on a pris la perpendiculaire pour mesurer la distance d'un point à une droite.

19. Théorème. *Si deux droites se coupent, les angles opposés au sommet sont égaux (fig. 7).*

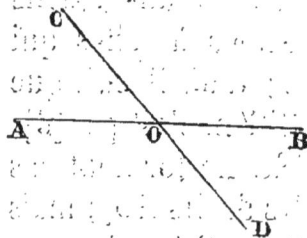

Fig. 7.

Hypothèse : Les droites AB, CD se coupent.

Conséquence : Angle COA = angle BOD ; angle COB = angle AOD.

L'angle qui manque à COB pour former deux

angles droits, c'est l'angle BOD [15], et l'angle qui manque à AOD pour former deux angles droits, c'est le même angle BOD; donc l'angle COB = AOD.

CHAPITRE III.

Des parallèles.

Définition des parallèles. — Existence des droites parallèles.—Distance entre les parallèles.—Angles alternes-internes, alternes-externes, correspondants, intérieurs, extérieurs. — Relations entre les angles.

20. Deux droites sont *parallèles* lorsque, tracées sur le même plan, elles ne se rencontrent pas, quelque prolongées qu'on les suppose.

21. Théorème. *Deux droites perpendiculaires à la même droite sont parallèles (fig. 8).*

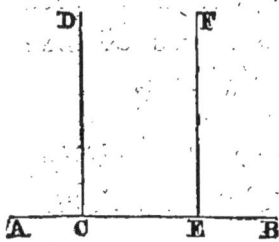

Fig. 8.

Hypothèse : CD et EF sont perpendiculaires à la même droite AB.

Conséquence : Les deux droites CD, EF sont parallèles.

Si les deux droites CD, EF se rencontraient en un point O, par exemple, on pourrait de ce point abaisser deux droites OFE, ODC perpendiculaires à AB, ce que nous avons démontré impossible [16]; donc ces deux droites ne peuvent se rencontrer.

22. **Théorème.** *Une perpendiculaire et une oblique à la même droite se rencontrent si elles sont suffisamment prolongées.*

Cette proposition ne se démontre pas, on la considère comme évidente.

23. **Théorème.** *Par un point pris hors d'une droite, on ne peut mener qu'une seule parallèle à cette droite (fig. 9).*

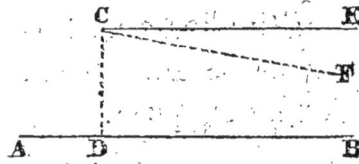

Si du point C on abaisse CD perpendiculaire à AB, et si au point C on mène CE perpendiculaire à CD, cette dernière droite CE sera

Fig. 9.

parallèle à AB [21]. Toute autre droite CF sera oblique à CD [12]; donc cette dernière CF rencontrera AB d'après l'axiome précédent.

24. **Théorème.** *Si deux droites sont parallèles, toute perpendiculaire à l'une l'est aussi à l'autre (fig. 10).*

Hypothèse : AB et CD sont parallèles, et EF est perpendiculaire à AB.

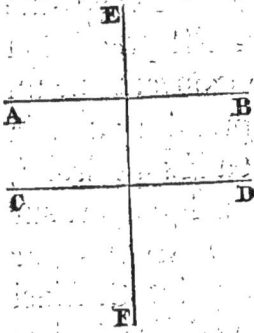

Conséquence : EF est aussi perpendiculaire à CD.

Car si EF n'était pas perpendiculaire à CD, CD ne serait pas non plus perpendiculaire à EF, et par suite [22] CD ne serait pas parallèle à AB, ce qui est contraire à l'hypothèse ; donc EF doit être perpendiculaire à CD.

Fig. 10.

25. Théorème. *Deux droites parallèles sont partout à égale distance l'une de l'autre (fig. 11).*

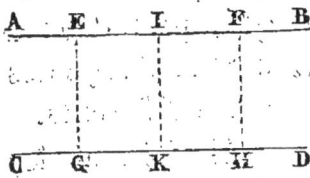

Hypothèse : AB, CD sont parallèles.

Conséquence : Les deux points quelconques E, F pris sur la ligne AB sont également distants de la

Fig. 11.

parallèle CD, ou [18] les perpendiculaires EG, FH abaissées de ces points sur CD sont d'égale longueur.

Prenons I le milieu de EF, et du point I menons IK perpendiculaire à CD ; de ce que les droites AB et CD sont parallèles, les droites EG, IK, FH, perpendiculaires à CD, seront aussi perpendiculaires à AB [24]. Si on replie la figure autour de IK, la droite IF prendra la direction IE, puisque les angles en I sont égaux comme droits, et le

point F tombera en E, FI étant égal à IE ; comme
les angles en E et F sont droits, FH prendra la
direction de EG, et le point H se trouvera sur un
des points de EG ; mais KH prendra aussi la
direction KG, puisque les angles en K sont droits,
et le même point H se trouvera quelque part sur
KG ; donc ce point H, assujetti à se trouver sur
les droites EG, KG, tombera au point G. Ainsi
le point F étant en E, le point H en G, les droites
FH, EG sont d'égale longueur.

26. Soient les deux droites AB, CD (*fig.* 12)
coupées par une troisième EF, on obtient ainsi des
groupes d'angles
qui, pris deux à
deux, ont reçu des
noms différents.

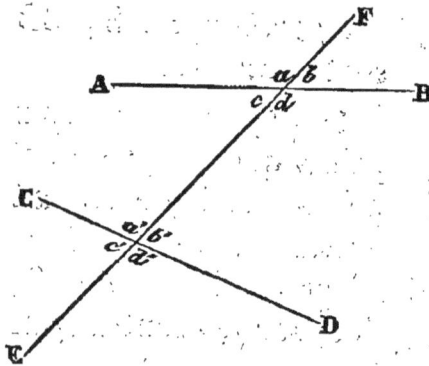

Ainsi les angles
d et *a'*, situés des
côtés différents de
la sécante EF et
entre les deux
droites, sont ap-
pelés *alternes-in-*
ternes ; *c* et *b'* sont aussi alternes-internes. Les
angles *a* et *d'*, pris des côtés différents de la sécante
et hors des droites, se nomment *alternes-ex-*
ternes ; les deux autres angles du même genre
sont *b* et *c'*. Les angles *a*, *a'* du même côté de la
sécante, l'un intérieur, l'autre extérieur, sont ap-

Fig. 12.

pelés *correspondants* ou *internes-externes*. Les autres du même genre sont *d* et *d'*, *b* et *b'*, *c* et *c'*. Les angles *d*, *b'*, placés du même côté de la sécante et entre les deux droites, sont appelés *intérieurs;* les deux autres sont *c* et *a'*. Enfin les deux angles *b* et *d'* situés extérieurement aux deux droites et du même côté de la sécante sont *extérieurs.*

Il existe certaines relations entre ces angles selon que les droites sont parallèles ou non.

27. Théorème. *Si deux droites parallèles sont coupées par une sécante, les angles alternes-internes sont égaux (fig. 13).*

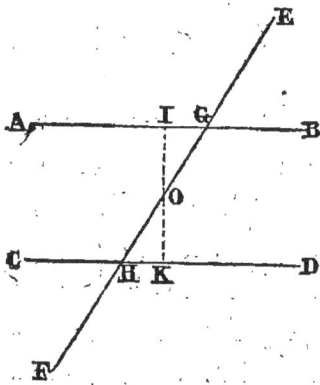

Fig. 13.

Hypothèse : Les droites AB, CD sont parallèles et coupées par la droite EF.

Conséquence : L'angle AGF = GHD, et BGF = GHC.

Soit pris O le milieu de GH ; de ce point soit mené IK perpendiculaire sur AB, cette même droite sera aussi perpendiculaire à CD [24]. Si on porte la partie OHK sur la partie OGI, de telle sorte que la ligne OK prenne la direction OI, à partir du point O comme les angles opposés au sommet IOG, HOK sont égaux [19], OH

prendra la direction OG, et comme on a OH =
OG, le point H tombera au point G ; or, HK ne saurait prendre d'autre direction que GI, puisque les
deux droites HK et GI sont perpendiculaires à la
même droite IK [16]. Le point K devant se trouver sur OI et sur GI, sera en I ; donc l'angle
OHK = OGI, ce sont les deux angles alternes-
internes.

28. Théorème. *Si deux droites parallèles sont
coupées par une troisième : 1° les angles correspondants sont égaux ; 2° les angles alternes-externes sont égaux ; 3° la somme des angles intérieurs est égale à deux angles droits ; 4° la somme
des angles extérieurs est égale à deux angles
droits (fig. 14).*

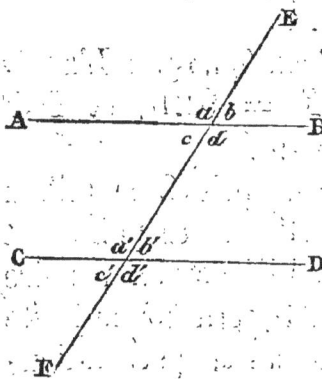

Fig. 14.

1° Les angles corres-
pondants sont égaux, car
les droites AB, CD étant
parallèles, les angles alternes-internes c, b' sont
égaux [27] ; en place de
c on peut substituer l'angle b qui lui est égal
comme opposé au som-
met [19] ; donc $b = b'$; il
en est de même des autres
angles correspondants ;

2° Les angles alternes-externes sont égaux, car

on a toujours d'après le parallélisme des droites AB, CD, $c = b'$ [27] et $b' = c'$, $c = b$ comme opposés au sommet [19]; donc $b = c'$.

3° La somme des angles intérieurs $= 2^d$, car $d + c = 2^d$ [15]. Or si on substitue à c l'angle b' qui lui est égal, on aura aussi $d + b' = 2^d$.

4° La somme des angles extérieurs $= 2^d$, car $a + b = 2^d$, et comme $b = c'$, on a aussi $a + c' = 2^d$.

CHAPITRE IV.

Des polygones et des triangles.

Définitions du polygone, du triangle. — Diverses espèces de triangles. — Caractères d'égalité des triangles. — Somme des angles d'un triangle. — Propriétés du triangle isocèle. — Quadrilatère ; parallélogramme, losange, rectangle, carré.

29. Un *polygone* est l'espace plan renfermé entre plusieurs lignes droites qui se coupent. Les lignes droites en sont appelées les *côtés*. Toute droite qui joint deux sommets non consécutifs est appelée *diagonale*.

30. Un polygone de trois côtés est appelé *triangle*. Il y a dans un triangle trois angles et trois côtés; l'un des côtés est appelé la base du triangle, et la hauteur est la perpendiculaire abaissée du sommet opposé sur le côté pris pour base; d'où l'on voit qu'il y a trois systèmes de base et de hauteur.

Un triangle *isocèle* est celui qui a deux côtés égaux. Un triangle *équilatéral* est celui qui a les trois côtés égaux. Un triangle *rectangle* est celui qui a un angle droit. Le côté opposé à l'angle droit est appelé *hypoténuse.*

31. Théorème. *Deux triangles sont égaux s'ils ont un angle égal compris entre deux côtés égaux chacun à chacun (fig. 15).*

Hypothèse : L'angle B = B', le côté BA = B'A', BC = B'C'.

Conséquence : Les deux triangles sont égaux.

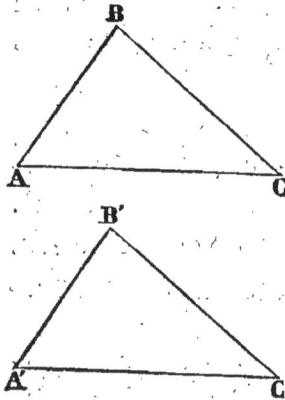

Fig. 15.

Figurons-nous que l'on transporte le triangle A'B'C' sur ABC, de telle sorte que A'B' coïncide avec AB, que le point A' tombe en A, et B' en B : comme l'angle B = B' par hypothèse, le côté B'C' prendra la direction BC, et le point C' tombera en C ; les deux triangles se recouvrant parfaitement sont égaux. On peut donc dire que les parties du triangle A'B'C' sont égales aux parties homologues de ABC.

32. **Théorème.** *Deux triangles sont égaux s'ils ont un côté égal compris entre deux angles égaux chacun à chacun (fig. 15).*

Hypothèse : AB = A'B', l'angle A = A', B = B'.

Conséquence : Les deux triangles sont égaux.

En transportant le triangle A'B'C' sur ABC, on pourra faire que le point A' soit en A et le point B' en B : comme l'angle A' = A, le côté A'C' prendra la direction AC, et le point C' tombera sur quelque point de AC ; comme l'angle B' = B, le côté B'C' prendra la direction BC, et le même point C' se trouvera sur quelque point de BC ; donc C' devant se trouver sur AC et sur BC, sera au point C ; d'où l'on voit que les deux triangles coïncident parfaitement et qu'ils sont égaux.

33. **Théorème.** *Si deux triangles ont deux côtés égaux chacun à chacun, si l'angle compris entre les deux côtés du premier est plus grand que l'angle compris entre les deux côtés du second; le troisième côté du premier est aussi plus grand que le troisième côté du second (fig. 16).*

Hypothèse : AB = A'B', BC = B'C', angle ABC > A'B'C'.

Conséquence : AC > A'C'.

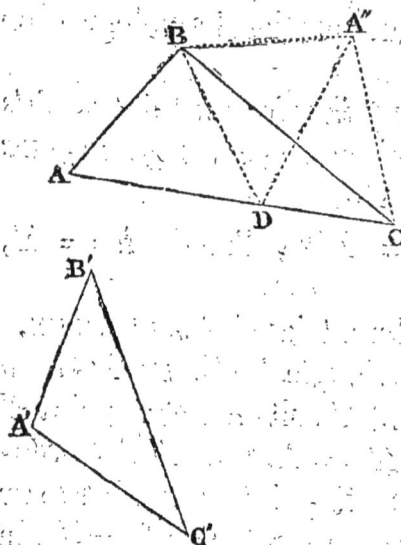

Fig. 16.

Que l'on fasse au point B avec BC un angle $CBA'' = C'B'A'$, que l'on prenne $BA'' = B'A'$, et que l'on joigne $A''C$, on aura un triangle CBA'' égal au triangle $A'B'C'$ [31] : il suffira donc de démontrer que $AC > CA''$, car $CA'' = C'A'$. Les deux angles inégaux ABC, CBA'' composent l'angle total ABA'', et si on divise ce dernier en deux parties égales par la droite BD, elle passera par le plus grand des deux angles ABC, et coupera AC au point D ; joignant DA'' on obtient un triangle DBA'' : si on compare ce triangle DBA'' au triangle ABD, on trouve que le côté BD leur est commun, que $BA = BA''$ comme égaux tous deux à $B'A'$; enfin l'angle $ABD = DBA''$; donc [31] ces deux triangles sont égaux ; d'où le côté $A''D = AD$. Mais comme le plus court chemin de A'' en C est la ligne droite $A''C$, on a

$$A''C < A''D + DC.$$

Substituant dans cette égalité AD à A″D, on a

$$A″C < AD + DC.$$

Or, AD + DC forme le côté AC; donc A″C < AC, ou AC > A″C, et comme A″C est la même chose que A′C′, on obtient définitivement

$$AC > A′C′.$$

34. Théorème. *Deux triangles qui ont les trois côtés égaux chacun à chacun sont égaux* (fig. 15).

Hypothèse : AB = A′B′, BC = B′C′, AC = A′C′.

Conséquence : Les triangles sont égaux ou les angles et les côtés sont égaux chacun à chacun.

Les angles A et A′ ne peuvent être qu'égaux ou inégaux. Or, si l'angle A était, par exemple, plus grand que A′, comme les côtés AB, AC sont égaux à A′B′, A′C′, il faudrait [33] que le troisième côté BC du premier fût plus grand que le troisième côté B′C′ du second, ce qui n'est pas, puisqu'on les a supposés égaux; donc l'angle A ne peut être plus grand que A′. On verrait de même que A′ ne peut être plus petit que A; donc A = A′. Un raisonnement semblable prouvera que B = B′, C = C′; donc les triangles sont égaux.

35. Théorème. *Dans tout triangle la somme des trois angles est égale à deux angles droits* (fig. 17).

Hypothèse : La figure ABC est un triangle.

Conséquence : La somme des trois angles est égale à deux angles droits.

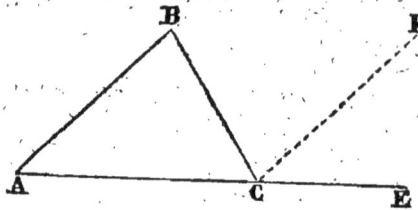

Fig. 17.

Prolongeons AC suivant CE, et au point C menons CF parallèle à AB; on a autour du point C trois angles dont la somme est égale à deux angles droits [14]: or, l'un d'eux BCA est un angle du triangle; le deuxième BCF = ABC comme alternes-internes [26], par rapport aux parallèles AB, CF et la sécante BC; enfin le troisième FCE = BAC [27] comme correspondants par rapport aux parallèles CF, AB et à la sécante AE; donc les trois angles du triangle forment une somme égale à deux angles droits.

Corollaire. Si dans un triangle rectangle les deux autres angles sont égaux, chacun vaut la moitié d'un angle droit.

36. **Théorème.** *Lorsqu'un triangle est isocèle, les angles opposés aux côtés égaux sont égaux* (*fig. 18*).

Hypothèse : Dans le triangle ABC le côté BA = BC [30].

Conséquence : L'angle A = C.

Si du point B on mène une droite BD qui divise l'angle B en deux parties égales, on formera deux triangles ABD, DBC : en comparant leurs parties homologues, on voit que le côté,

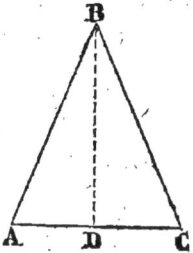

Fig. 18.

BD leur est commun, que le côté BC de l'un = BA de l'autre par hypothèse, et que par construction l'angle DBC = DBA. Ces deux triangles ont donc un angle égal compris entre deux côtés égaux chacun à chacun, donc ils sont égaux [31] ; leurs parties homologues sont aussi égales ; donc l'angle C = A.

37. Théorème. *Si dans un triangle deux angles sont égaux, les côtés opposés à ces angles sont aussi égaux, et le triangle est isocèle (fig. 18).*

Hypothèse : Dans le triangle ABC l'angle C = A.

Conséquence : Le côté BA = BC.

Du point B supposez BD divisant l'angle B en deux parties égales. Les deux triangles BDC, BDA auront deux angles égaux chacun à chacun, à savoir : l'angle A = C par hypothèse, et l'angle DBA = DBC par construction ; et comme dans tout triangle la somme de trois angles est égale à deux angles droits [35], il faut que le troisième angle BDA de l'un = le troisième BDC de l'autre ; comme de plus le côté BD est commun à tous deux, ils ont un côté égal compris entre deux angles égaux ; ces deux triangles sont donc égaux [32] et le côté BA = BC.

38. Un *quadrilatère* est un polygone de quatre côtés.

2

On remarque parmi les quadrilatères : 1° le *parallélogramme*, dans lequel les côtés opposés sont parallèles; 2° le *rectangle*, qui est un parallélogramme dans lequel les angles sont droits; 5° le *losange*, qui est un parallélogramme dont les quatre côtés sont égaux; 4° le *carré*, qui est un parallélogramme dont les quatre côtés sont égaux et les angles droits ; 5° le *trapèze*, quadrilatère dans lequel deux côtés opposés sont parallèles.

On prend pour base dans un parallélogramme deux des côtés parallèles, et pour hauteur la perpendiculaire commune à ces deux côtés. Dans un trapèze il y a deux bases qui sont les deux côtés parallèles, et la perpendiculaire commune à ces deux côtés est la hauteur.

CHAPITRE V.

De la circonférence, et de la mesure des angles.

Définition de la circonférence, du cercle, du rayon, du diamètre, de l'arc, de la corde, de l'angle au centre. — Propriétés du diamètre, des angles au centre. — Division de la circonférence en degrés. — Rapport des angles au centre aux arcs compris entre leurs côtés. — Mesure des angles.

39. La *circonférence* est une ligne courbe plane dont tous les points sont également éloignés d'un point intérieur appelé centre.

La portion de plan renfermée dans la circonférence s'appelle *cercle*.

La distance du centre à un point quelconque de la circonférence est le *rayon;* tous les rayons sont égaux, d'après la définition.

Toute droite, qui, passant par le centre, s'arrête à la circonférence est un *diamètre;* les diamètres se composent de deux rayons et sont égaux.

Toute portion de la circonférence est un *arc,* et la droite qui en joint les extrémités en est la *corde.*

On appelle *angle au centre* un angle qui a son sommet au centre et qui est formé par deux rayons.

40. **Théorème.** *Le diamètre divise la circonférence et le cercle en deux parties égales (fig. 19).*

Hypothèse : Dans le cercle DMBN on a mené un diamètre DB.

Conséquence : La portion DMB=DNB.

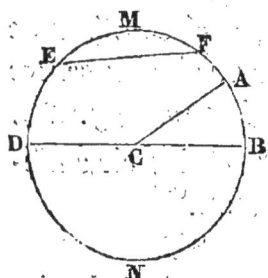

Fig. 19.

Car si on fait replier la figure autour de DB comme charnière, tous les points de la courbe DMB s'appliqueront sur les points correspondants de DNB, sans quoi il y en aurait qui seraient plus éloignés du centre que d'autres, ce qui est contraire à la définition de la circonférence.

41. Théorème. *Dans deux circonférences dé-crites avec le même rayon, les angles au centre égaux interceptent des arcs égaux (fig. 20).*

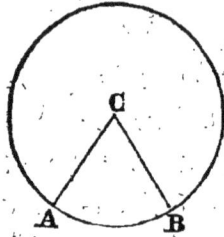

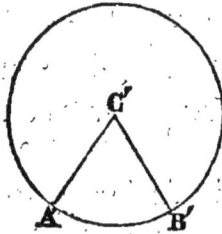

Hypothèse : Les circonfé-rences C, C′ sont décrites avec le même rayon, et l'angle ACB = A′C′B′.

Conséquence : L'arc AB = A′B′.

Car en transportant la cir-conférence C′ sur la circonfé-rence C de telle sorte que C′A′ coïncide parfaitement avec CA, le rayon CB prendra nécessai-rement la direction C′B′, puis-que les angles sont égaux, et comme ces deux longueurs sont égales, le point B tombera en B′, et dès lors l'arc AB = A′B′.

Fig. 20.

42. Théorème. *Si dans deux circonférences égales deux arcs sont égaux, les angles au centre qui leur correspondent sont aussi égaux (fig. 20).*

Hypothèse : L'arc AB = A′B′ et les circonfé-rences sont décrites du même rayon.

Conséquence : L'angle ACB = A′C′B′.

En transportant la circonférence C′ sur la cir-conférence C, on pourra faire que le point A′ soit en A et le point B′ en B, et comme le point C′

sera en C, les lignes C'A', C'B' coïncideront avec CA et CB; donc les angles ACB, A'C'B' sont égaux.

43. On suppose la circonférence divisée en 360 parties égales que l'on nomme degrés (*fig*. 21).

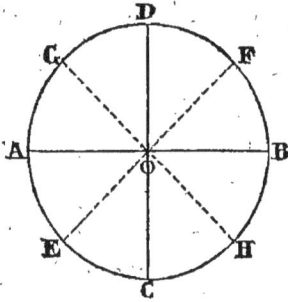

Si on mène dans une circonférence deux diamètres AB, CD perpendiculaires l'un sur l'autre, les arcs AD, DB, BC, CA [41] seront égaux, et chacun d'eux vaudra le quart de 360°, ou 90 degrés. Si on divise l'angle DOB en deux parties égales par le diamètre EF, et l'angle BOC par le diamètre GH, on divisera aussi les arcs DB, BC, CA, AD en deux parties égales, et chacune des parties aura la moitié de 90° ou 45°.

Fig. 21.

44. On mesure une quantité en la comparant à une quantité de même nature et de convention. Le rapport donne un nombre qui est la mesure de la quantité. Ainsi, pour mesurer un angle, il faut examiner combien de fois il renferme un autre angle pris pour unité de mesure ou des portions de cet angle, et le nombre trouvé exprimera la mesure de l'angle. Mais comme il n'est pas aisé de comparer directement un angle à un autre angle, on rapporte cette mesure à celle des arcs. Voici comment on y parvient.

2.

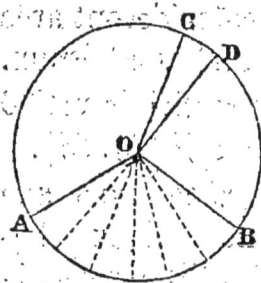

Fig. 22.

45. Soit un angle (*fig*. 22) au centre AOB; soit pris pour unité de mesure un autre angle au centre COD tracé dans la même circonférence. Portons l'arc CD sur l'arc AB autant de fois qu'il peut y être contenu, et supposons qu'il soit renfermé six fois exactement; en joignant le centre à chacun des points de division, on aura une suite d'angles compris dans AOB, angles qui seront tous égaux à COD [42]; donc la mesure de l'angle AOB sera exprimée par 6, comme la mesure de l'arc AB est exprimée par 6, si l'arc CD est l'unité de mesure des arcs. On peut donc dire que le nombre qui exprime la mesure de l'angle est le même que celui qui exprime la mesure de l'arc compris entre ses côtés et décrit de son sommet comme centre. Si donc CD est égal à 1°, l'arc AB vaudra six degrés, et l'angle AOB six angles COD correspondant à un degré, ce que l'on est convenu d'exprimer ainsi : l'angle AOB a pour mesure six degrés.

Si l'arc CD (*fig*. 23) n'est pas compris exactement dans AB, il y sera compris six fois, par exemple, avec un reste EB. Or, de même que ce reste EB est plus petit que l'arc CD, EOB est aussi plus petit que COD; mais l'arc CD a

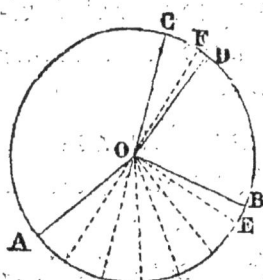

des subdivisions, et à ces subdivisions correspondent des subdivisions d'angles; ce sera, je suppose, DF que l'on portera sur EB et qui sera contenu deux fois, de même que l'angle FOD sera contenu deux fois dans EOB.

Fig. 29.

Or ce nombre 2 sera la même portion de l'unité de mesure; donc le nombre qui exprimera la mesure de l'arc AB sera le même que celui qui exprimera la mesure de l'angle AOB.

A l'angle droit correspond 90 degrés, à deux angles droits 180. On dit que l'angle droit a pour mesure 90°.

CHAPITRE VI.

Des surfaces équivalentes, et de la mesure des lignes et des surfaces.

Définition des surfaces équivalentes. — Équivalence du parallélogramme et du rectangle de même base et de même hauteur. — Mesure d'une ligne droite. — Mesure des surfaces. — Expression d'une surface en ares et en mètres carrés. — Aire d'un rectangle, d'un parallélo-gramme, d'un triangle, d'un trapèze, d'un polygone.

46. Deux surfaces sont dites équivalentes quand, sous des formes différentes, elles ont la même étendue, ou qu'elles renferment le même espace.

47. Théorème. *Un parallélogramme est équivalent au rectangle de même base et de même hauteur (fig. 24).*

Hypothèse : Le parallélogramme ABCD a même base AB et même hauteur AE que le rectangle ABFE.

Conséquence : Les deux figures sont équivalentes.

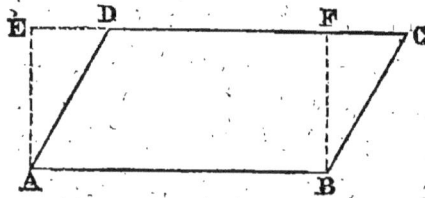

Fig. 24.

Car le parallélogramme ABCD contient deux portions, FBC, ABFD, et le rectangle renferme l'une de ces deux portions, ABFD et la surface ADE ; donc si les deux triangles ADE, CBF sont égaux, les deux figures sont équivalentes. Or, en transportant le triangle BFC sur le triangle AED, de telle sorte que BC coïncide avec AD, le côté BF prendra la direction AE, puisque ces deux droites sont perpendiculaires à la même droite AB, et comme elles sont égales [25], le point F tombera en E ; ces deux triangles sont donc égaux ; donc le parallélogramme et le rectangle sont équivalents.

48. Théorème. *Un triangle est la moitié d'un parallélogramme de même base et de même hauteur.*

Car en menant une diagonale dans un parallélogramme on le partage en deux triangles égaux
qui ont même base et même hauteur que lui.

49. Mesurer une quantité, c'est la comparer à
une quantité de même nature dont on est convenu, et le résultat de cette comparaison donne
un nombre qui exprime la mesure cherchée.

Ainsi, pour mesurer la longueur d'une ligne
droite, on cherchera combien de fois elle renferme la ligne droite prise pour unité, ou combien de fois elle renferme les portions de cette
même unité, et on obtiendra un nombre qui exprimera la mesure de la ligne droite.

L'unité de mesure légale des longueurs est
le mètre, qui est la dix-millionième partie du
quart du méridien terrestre ; c'est une longueur
de convention à laquelle on compare les autres
longueurs. On a subdivisé le mètre en unités de
dix en dix fois plus petites, en décimètres, en
centimètres, en millimètres. On a fait aussi des
multiples de dix en dix fois plus grands, tels que
le décamètre, l'hectomètre, le kilomètre et le
myriamètre.

50. Soit une droite à mesurer ; on porte le mètre
sur cette ligne autant de fois qu'il peut y être renfermé ; on trouve quatre fois avec un reste. On
porte ensuite le décimètre sur ce reste, et il y
est compris trois fois avec un reste ; enfin on porte

le centimètre sur ce dernier reste, et il y est compris exactement deux fois; la longueur de la droite est donc 4 mètres 32 centimètres.

51. On suivra des principes analogues pour mesurer les surfaces. Il importe avant tout de se bien fixer sur l'unité de mesure. On est convenu de prendre pour unité de mesure un carré dont le côté est égal à 1 mètre pour les petites surfaces, et à 1 décamètre pour les surfaces considérables, telles que les champs, les bois, etc. On a donc le mètre carré pour les surfaces de petites dimensions; le décamètre carré sert pour les mesures agraires, on l'appelle *are*.

52. Théorème. *Le mètre carré est la centième partie de l'are (fig. 25).*

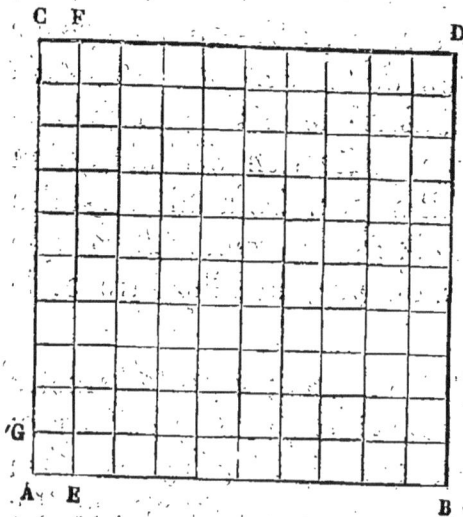

Fig. 25.

Soit AB la longueur d'un décamètre, et ABCD l'are ou le décamètre carré; en divisant AB en dix parties égales, chacune d'elles vaudra un mètre, et si par chacun des points de division on mène des perpendicu-

laires à AB, on décomposera le carré en 10 rectangles égaux entre eux comme ayant même base
et même hauteur ; la hauteur sera égale à 10 mètres, et la base à 1 mètre, telle que AE ; l'un de
ces rectangles AEFC sera donc le dixième du carré
ou de l'are. Si on divise encore AG en dix parties
égales, et si par chacun des points de division on
mène des parallèles à AB, on décomposera chaque
rectangle en dix parties égales, il y en aura donc
cent dans le carré ABCD ; mais chacune de ces
parties sera un carré ayant AE ou 1 mètre pour
base, et AG ou 1 mètre de hauteur ; ce sera donc
le mètre carré, donc le mètre carré est la centième partie de l'are.

Par la même raison, le décimètre carré ou le
carré fait sur le décimètre est le centième du
mètre carré ou le $\frac{1}{10000}$ de l'are, et ainsi de
suite.

53. Pour exprimer une surface en are, mètre
carré, décimètre carré, etc., il faudra exprimer
que le mètre carré est le $\frac{1}{100}$ de l'are, que le décimètre carré est le $\frac{1}{100}$ du mètre carré, etc.

Soit à écrire en nombre sept arcs quarante-
trois centiares ; on écrira $7^a,43$: les 43 centiares
valent 43 mètres carrés, et comme les 7 ares valent 700 mètres carrés, on peut encore exprimer
ainsi le nombre : 743 mètres carrés. Si on avait
$8^a,3$ déciares, on peut exprimer le nombre en
mètres carrés ; il suffit de mettre un 0 à la droite

du 3, ce qui donne 30 centiares ou 30 mètres carrés; donc 8ᵃ,3 valent 830 mètres carrés. Enfin écrivons 7ᵃ,5639, on aura en mètres carrés 700 mètres carrés, 56 mètres carrés et 39 décimètres carrés; de sorte qu'en prenant le mètre carré pour unité de mesure, on aura 756ᵐᶜ,39.

54. Il s'agit de savoir actuellement comment on se servira de ces unités de mesure pour évaluer les surfaces. Nous supposons, dans les démonstrations qui vont suivre, que l'on emploie le mètre carré, le décimètre carré, etc.; les raisonnements seront les mêmes pour l'are.

Soit un rectangle (*fig.* 26) ABCD que l'on veut évaluer en mètres carrés, décimètres carrés, etc.

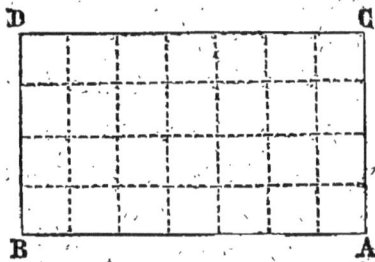

Fig. 26.

D'après l'idée générale de mesure, il faut comparer ce rectangle au mètre carré, examiner combien de fois il le contient; on conçoit l'impossibilité de l'opération : il faut donc employer un autre moyen pour arriver au même résultat, et ce moyen consiste à ramener la mesure des surfaces à celle des lignes. Nous considérerons trois cas qui nous donneront le même résultat exprimé dans l'énoncé du théorème suivant.

55. Théorème. *Un rectangle a pour mesure sa base multipliée par sa hauteur.*

1° Le rectangle ABCD (*fig. 26*) est tel que sa base et sa hauteur contiennent exactement le mètre en longueur. Portons le mètre sur AB, ou mesurons la longueur AB et ayons pour résultat 7^m. Si par chacun des points de division on mène des perpendiculaires à AB, on partagera le rectangle en sept autres rectangles égaux. Portons le mètre en longueur sur la hauteur AC, ou mesurons AC et supposons qu'il y soit contenu quatre fois. En menant des parallèles à AB par chacun des points de division de AC, on partage chaque petit rectangle en quatre carrés égaux ; il y aura donc autant de carrés dans le rectangle ABCD que l'exprime le produit de 7 par 4, et chacun de ces carrés est le mètre carré. Donc pour avoir le nombre de fois que le mètre carré est renfermé dans un rectangle, il suffit de chercher combien de fois la base contient le mètre, ce qui donne un premier nombre ; de chercher combien de fois le mètre est contenu dans la hauteur, ce qui donne un second nombre, et de multiplier ces deux nombres l'un par l'autre ; le produit donne le nombre de fois que le rectangle renferme le carré, ou le rapport du rectangle au carré, ou enfin l'aire du rectangle ; ce que l'on exprime d'une manière abrégée en disant : l'aire d'un rectangle est égale au produit de sa base par sa hauteur, et on l'exprime en écrivant AB × AC, ce qui veut dire la base AB multipliée par AC.

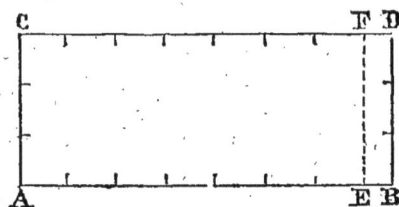

Fig. 27.

2° Soit un rectangle ABCD (*fig*.27) dont la hauteur contient trois fois exactement le mètre, mais dont la base le renferme 7 fois avec un reste EB. En menant EF perpendiculairement à AB, on aura un rectangle AEFC, qui, d'après le premier cas, aura pour aire $7 \times 3 = 21^{mc}$. Il suffira d'ajouter à cette aire celle du rectangle EBDF pour avoir la surface totale.

Comme EB est plus petit que le mètre, nous allons prendre le décimètre pour unité. Supposons qu'il soit contenu 4 fois exactement dans EB; comme le mètre est contenu 3 fois dans AC ou dans EF, le décimètre y sera 30 fois; donc en multipliant 30 décimètres par 4 décimètres, d'après le premier cas, on aura en décimètres carrés l'aire du rectangle EFBD; ceci revient à multiplier 3^m par $0^m,4$; ce produit donne $1^{mc},20$, qui ajouté à 21^{mc} forme $22^{mc},20$ pour la mesure totale du rectangle. Mais au lieu de faire deux opérations séparées, on peut n'en faire qu'une seule, car 21 est le produit de 3 par 7, et $1^m,20$ le produit de 3 par $0^m,4$; il reviendra au même d'ajouter $0^m,4$ à 7^m, ce qui donne $7^m,4$ et de

2.

multiplier cette somme par 3. On aura donc ainsi multiplié la base par la hauteur; c'est le même résultat que dans le premier cas.

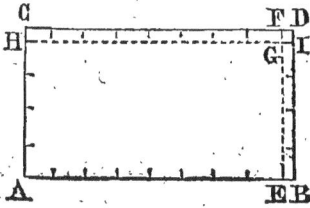

Fig. 28.

3° Enfin la base et la hauteur peuvent ne pas renfermer exactement le mètre (*fig*. 28). Qu'il soit compris huit fois de A en E, et quatre fois de A en H, en menant EF perpendiculairement à AB, et HI parallèle à AB, on aura un rectangle AEGH dont la surface sera

$$8 \times 4 = 32^{mc} \quad »$$

Si à cette surface on ajoute celle des rectangles EBIG, CFGH, FGID, on aura la surface totale du rectangle. Or, en supposant que EB $= 0^m,7$ et que GF $= 0^m,3$, d'après le deuxième cas, le rectangle EBIG a pour surface EB $\times$ BI . . . . . $\quad 0^m,7 \times \quad 4 = 2^{mc},80$

le rectangle CHGF . . . $\quad 0^m,3 \times \quad 8 = 2^{mc},40$

le rectangle FGID . . . $\quad 0^m,7 \times 0,3 = 0^{mc},21$

Ce qui donne pour l'aire du rectangle. . . . . $\quad 37^{mc},41$

Or, il est à remarquer que si à 8 on ajoute 0,7 ou la longueur EB, si à 4 on ajoute 0,3 ou la

longueur GF, et si l'on multiplie 8 + 0,7 par
4 + 0,3, on aura les mêmes produits partiels, et
par suite le même produit total ; de plus, 8^m,7 est
la longueur de la base AB, et 4^m,3 est la longueur
de la hauteur BD ; donc pour avoir encore dans
ce cas l'aire du rectangle, il suffit de multiplier
la base par la hauteur.

Remarque. Si l'on a un carré à mesurer, il
faudra multiplier la base par la hauteur, et
comme la hauteur est égale à la base, il reviendra
au même de multiplier la base par la base. Ainsi
(*fig.* 25) pour avoir l'aire du carré ABCD, il faudra
multiplier AB par AB, ce que l'on indique ainsi
$\overline{AB}^2$.

56. **Théorème.** *Un parallélogramme a pour
mesure le produit de sa base par sa hauteur.*

Car le parallélogramme est équivalent au rectangle de même base et de même hauteur [47].

57. **Théorème.** *Un triangle a pour aire le produit de la moitié de sa base par sa hauteur.*

On sait en effet que le triangle est la moitié du
parallélogramme de même base et de même hauteur [48] ; donc il suffira de prendre la moitié du
produit de la base par la hauteur, ou de multiplier la moitié de la base par la hauteur, ou
bien encore de multiplier la base par la moitié
de la hauteur.

58. **Théorème.** *L'aire du trapèze est égale au produit de la demi-somme des bases parallèles par la hauteur (fig. 29).*

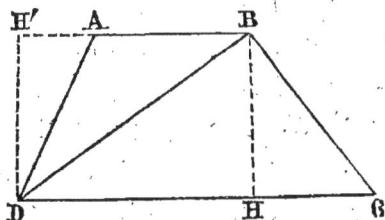

Fig. 29.

En menant la diagonale BD on partage le trapèze en deux triangles DBC, ADB; il suffira d'obtenir l'aire de chacun de ces triangles et d'en faire la somme pour avoir la surface du trapèze. Le triangle DBC a pour base DC et pour hauteur BH; son aire est donc [57] $\frac{DC}{2} \times BH$. Le triangle ADB a pour base AB et pour hauteur DH' qui est égale à BH [30], son aire est $\frac{AB}{2} \times BH$; en ajoutant, on a $\left(\frac{DC}{2} + \frac{AB}{2}\right) \times BH$ ou $\frac{DC + AB}{2} \times BH$, ou l'énoncé de la proposition.

Remarque. Les polygones sont décomposables en triangles, et par suite il sera toujours facile d'en avoir la mesure.

Prenons quelques exemples.

Soit un parallélogramme ABCD(*fig.* 30)

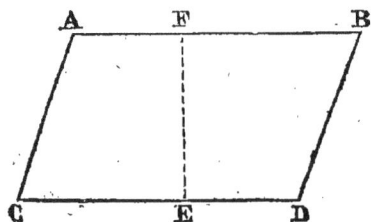

Fig. 30.

dont la base DC = 5^m,57, et la hauteur EF =
1^m,4, il faut [56] multiplier 5^m,57 par 1^m,4, ce
qui donne 4^{mc},998, ou 4 mètres carrés, 99 décimètres carrés et 80 centimètres carrés.

Soit un triangle ABC (*fig*. 18), dont la base
AC=2^m,37, et la hauteur BD=1^m,7; il faut
[57] multiplier la base 2^m,37 par la moitié de
1^m,7, ou par 0^m,85 ; ce qui donne 2 mètres
carrés, 1 décimètre carré, 45 centimètres carrés,
ou 1^{mc},0145.

Enfin, soit un trapèze (*fig*. 29) dont la base
inférieure CD = 4^m,7, la base supérieure AB
=3^m,4, et la hauteur=1^m,579. On doit [58]
prendre la demi-somme des bases; la somme est
8^m,1, et la moitié est 4^m,05, et ensuite il faut
multiplier cette quantité 4^m,05 par 1,579, ce qui
donne 6^{mc},39495, ou 6 mètres carrés, 39 décimètres carrés, 49 centimètres carrés et 50 millimètres carrés.

II. ARPENTAGE.

CHAPITRE VII.

But de l'arpentage, — Chaîne d'arpenteur. — Mesure d'une distance avec la chaîne. — Mesure d'une distance à accidents de terrain. — Équerre d'arpenteur. — Usage de cet instrument. — Mesure d'un champ avec la chaîne et l'équerre. — Mesure d'un champ terminé par des lignes courbes ou par des lignes rentrantes. — Mesure d'un terrain d'une forme sinueuse. — Mesure d'un terrain inaccessible. — Mesure de la largeur d'une rivière. — Partage des terrains.

59. L'*arpentage* est l'art de mesurer les terrains et d'en évaluer l'aire ou la surface.

A ces deux opérations on en ajoute souvent une troisième; elle consiste à lever le plan du terrain mesuré, mais on peut s'en passer dans les usages les plus ordinaires; aussi nous ne nous occuperons ici que de l'arpentage proprement dit. Le lever des plans exigeant des principes plus étendus de géométrie, fera l'objet de la troisième partie.

60. Deux instruments sont nécessaires pour la mesure des terrains : la *chaîne* et l'*équerre*.

La *chaîne* sert à mesurer les distances. Elle a dix mètres de longueur, puisque l'are, l'unité des mesures agraires, est un carré dont le côté est un décamètre; elle est divisée en dix parties égales tenues les unes aux autres par des anneaux en fer; elle est enfin terminée par deux anneaux qui comptent dans la longueur.

61. Quand la distance à mesurer n'a pas 10 mètres, il est facile d'en avoir la valeur; mais quand elle dépasse 10 mètres, il est certaines précautions à prendre. On se sert à cet effet de jalons : c'est un bâton droit de 1^m,50 à 2^m de longueur dont une des extrémités est terminée en pointe pour pouvoir l'enfoncer en terre, tandis que l'autre est destinée à supporter un morceau de papier blanc au moyen d'une fente. On plante un jalon à chacune des extrémités de la distance à mesurer; on en plante un troisième sur la même ligne droite qui joindrait ceux-ci. Pour s'assurer que ce dernier est ainsi placé, l'opérateur se met devant l'un des deux premiers et examine si le troisième cache celui qui est à l'autre extrémité; dans ce cas, les trois jalons sont en ligne droite. On peut, par le même procédé, en fixer en ligne droite autant qu'on le voudra, et alors l'alignement est établi.

On conçoit qu'avec cette disposition on puisse mesurer la distance entre deux points, puisqu'on a la direction de la droite qui les joint. Deux per-

sonnes traînent la chaîne en prenant chacune un
des bouts ; la première se tient auprès du premier
jalon, tandis que la deuxième s'avance dans la
direction du dernier en se guidant sur les jalons
intermédiaires. Quand la chaîne est convenable-
ment tendue, elle plante une fiche ou verge en fer
terminée par un anneau, à l'endroit où s'arrête la
chaîne ; elle continue à s'avancer avec les mêmes
attentions pour planter une deuxième fiche ; la
première personne arrive à la première fiche
plantée et la ramasse, et ainsi de suite. Le nombre de fiches que la première personne a entre
les mains indique le nombre de décamètres.

62. Mais on a supposé que l'opération se fît
sur un terrain à surface plane ou à peu près plane.
Il n'en est pas toujours ainsi, et comme toutes les
distances sont mesurées tout comme si les surfaces étaient planes, il faut chercher une méthode dans le cas où elles ne le seront pas.

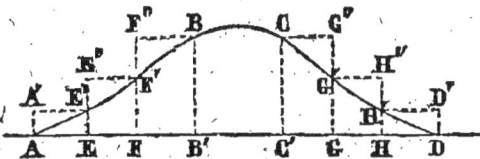

Fig. 31.

Soit donc un terrain de la conformation ci-
contre ABCD (*fig. 31*) et que l'on cherche en
ligne droite la distance du point A au point D.

2.

L'accident du terrain BC empêchera de voir du point A le jalon mis en D; on ne pourra donc pas opérer comme précédemment. Mais on obviera à l'inconvénient en employant les deux jalons B et C placés en vue des points A et D. Par une suite de tâtonnements on parviendra à les mettre de telle sorte, qu'en regardant du jalon C, le jalon B cache le jalon A, et qu'en regardant du jalon B on n'aperçoive pas le jalon D caché par le jalon C. Ces quatre jalons sont en ligne droite et marquent la direction de la distance du point A au point D.

Ceci ne suffit pas encore; il faut mesurer cette même distance ou la longueur AD. On la mesure par parties; et voici comment on y arrive : le terrain du point A au point B va en pente; on dirige la chaîne de telle sorte qu'elle soit toujours parallèle à AD ou horizontale. Pour cela, au lieu de tenir la chaîne au point A sur la terre, on la lève suffisamment, de telle sorte que du point A au point E', qui correspond au point E, elle soit à vue d'œil horizontale. On a donc en mètres ou décamètres la longueur A'E' ou AE. Partant du point E', on mesurera la longueur E″F' qui est la même que EF, et puis F″B qui est la même que FB', et ainsi de suite jusqu'en D, et en ajoutant on aura la distance totale AD.

Soit encore une distance à prendre entre A et B (*fig.* 32), deux points placés sur le bord d'un

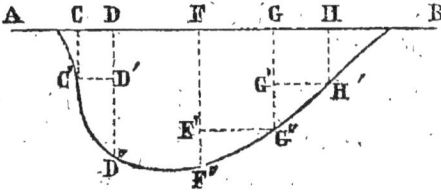

Fig. 32.

enfoncement assez considérable. On suppose toujours la ligne droite AB décomposée en portions
AC, CD, DF, etc., dont il s'agit d'avoir la mesure. La longueur AC se mesurera en faisant
tenir à l'un des opérateurs la main assez élevée
pour que, l'autre restant au point A, la direction
de la chaîne paraisse horizontale. On partira du
point C' pour aller au point D', et on mesurera
de même la longueur C'D' qui est égale à CD : on
marchera du point D' pour aller vers le point
F″, et l'on aura la distance DF, et ainsi de suite.

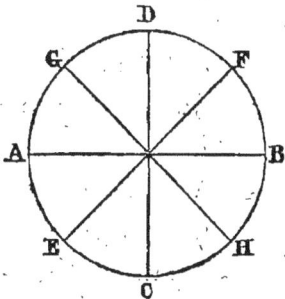

Fig. 33.

63. L'équerre d'arpen-
teur est un instrument qui
sert à déterminer la direction des perpendiculaires.
C'est un cylindre creux en
cuivre, supporté sur un
bâton de 1m à 1m,50 de
hauteur. Le cercle de la
base (fig. 33) est divisé en

huit parties égales, ce qui fait qu'en joignant les points opposés tels que A et B [43], C et D, on a deux diamètres AB, CD perpendiculaires l'un sur l'autre; il en est de même des deux autres diamètres EF, GH. De plus, les diamètres consécutifs font au centre un angle de 45° : à chacun des points A, B, C, D, etc., correspond une fente pratiquée sur la surface du cylindre; de telle sorte qu'en regardant par la fente E on voit la fente opposée F.

64. L'usage de cet instrument est très-facile. Si on le dispose de telle sorte que l'un des diamètres AB soit sur une ligne droite, tout point qui sera sur la direction CD sera un point de la perpendiculaire sur la ligne elle-même.

Que l'on enfonce le bâton sur un des points de la ligne, et que l'on fasse tourner jusqu'à ce qu'en regardant par la fente A on puisse voir le jalon placé à l'extrémité opposée, et qu'en regardant par la pinnule B on puisse voir le jalon posé à l'autre extrémité; le point duquel on veut abaisser la perpendiculaire se trouvera sur la direction CD ou non. Dans ce dernier cas, on déplace l'équerre jusqu'à ce qu'on tombe dans le premier.

Soit AB la ligne droite (*fig.* 34), A et B les deux jalons, et C le point duquel il faut abaisser la perpendiculaire. On plante l'équerre sur la direction AB et au point qui paraît devoir être le pied de la perpendiculaire. Soit E ce point. On exa-

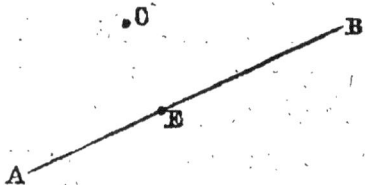

mine si un diamètre de l'équerre est dans la même direction que AB, et si le diamètre qui lui est perpendiculaire passe par le point C; dans ce cas E est le pied de la perpendiculaire; s'il en est autrement, on le trouve par une suite de tâtonnements.

Fig. 34.

65. L'équerre d'arpenteur sert encore à déterminer la direction d'une droite qui fait avec une autre l'angle de 45° (*fig.* 35).

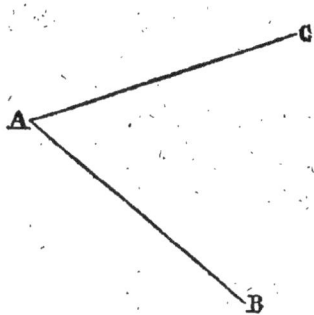

Fig. 35.

Soit AB la droite donnée : plantons l'équerre au point A et dirigeons un des diamètres suivant AB ; mettons un jalon au point C, tel qu'il soit sur la direction du diamètre consécutif; on aura la direction de AC qui fera avec AB un angle égal à 45° [43].

66. Pour vérifier si l'équerre d'arpenteur est juste, on dirige un des diamètres suivant AB, et le deuxième diamètre qui est à angle droit suivant EC; ensuite on dirige le même deuxième diamètre suivant AB, il faut que le premier prenne la direction EC (*fig.* 34).

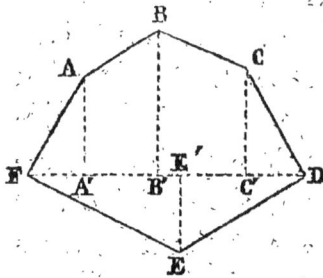

67. Soit actuellement un champ ABCDEF à mesurer (*fig.* 36). On prendra la plus grande diagonale FD pour directrice et on la jalonnera [61 et 62], on déterminera les pieds des perpendiculaires AA′, EE′, BB′, CC′ abaissées des points ABCE sur la direction FC [64]; on n'oubliera pas d'y planter un jalon. On mesurera les longueurs de ces perpendiculaires et les portions de la directrice comprises entre elles ainsi que les longueurs FA′ et C′D, en supposant que l'on ait trouvé :

Fig. 36.

$$FA' = 1^m,50 \qquad A'A = 2^m,75.$$
$$A'B' = 1 \quad 95 \qquad B'B = 3 \quad 20.$$
$$B'C' = 1 \quad 40 \qquad C'C = 2 \quad 15.$$
$$C'D = 1 \quad 70$$
$$FD = 6 \quad 55 \qquad E'E = 2 \quad 10.$$

Le triangle FAA′ donnera pour

surface $\frac{1,50}{2} \times 2,75$ . . . . . $= 2^{mc},0625$

Le trapèze ABB′A′ donnera

$\frac{2,75 + 3,20}{2} \times 1,95$ . . . . . . $= 5 \quad 8012$

A reporter. . . . . . $7^{mc},8637$

$$Report. \ldots \ldots \quad 7^{\text{mc}},8637$$

Le trapèze BCB'C' donnera

$$\frac{3,20+2,15}{2} \times 1,40 \ldots \ldots \quad = 3 \quad 7450$$

Le triangle CDC' donnera

$$\frac{1,70}{2} \times 2,15 \ldots \ldots \ldots \quad = 1 \quad 8275$$

Enfin le triangle FED donnera

$$\frac{2,10}{2} \times 6,55 \ldots \ldots \ldots \quad = 6 \quad 8775$$

Le champ aura en superficie. . $\quad 20^{\text{mc}},3137$

Au lieu de prendre la moitié dans chaque opé-ration, on pourra prendre cette moitié une seule fois dans le résultat général, ce qui simplifiera l'opération.

68. On peut encore procéder pour un champ de forme pareille en le décomposant seulement en triangles.

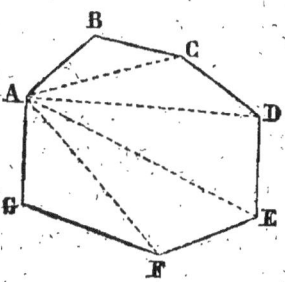

Fig. 37.

Ainsi soit le champ ABCDEFG (*fig. 37*); me-nant du point A des diago-nales aux autres sommets, on a une série de triangles ABC, ACD, etc., dont il est facile d'avoir la base et la hauteur; on multipliera l'une par l'autre et on prendra la moitié de la somme, ce qui donnera l'aire du champ.

69. Les limites des champs sont rarement des lignes droites, ordinairement ce sont des courbes; voici comment on parvient à en obtenir la superficie (*fig.* 38) :

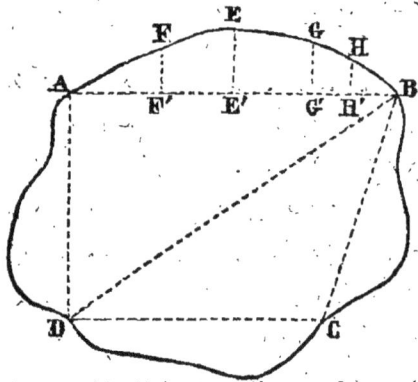

Fig. 38.

Soit un champ AEBCD. On prend quatre points A, B, C, D sur la limite, on y met des jalons, et on a des lignes d'opération AB, BC, CD, DA; il suffira de mesurer les portions de surfaces comprises entre elles et entre les limites du champ. Ainsi considérons la portion AEB; choisissons plusieurs points F, E, G, H sur la courbe, de telle sorte que la portion entre deux points consécutifs se rapproche de la ligne droite. Si on suppose une perpendiculaire abaissée de chacun des points F, E, G, H sur la ligne d'opération AB, on aura décomposé cette partie en deux triangles et trois trapèzes dont il sera facile d'avoir la mesure; on pourra en faire autant pour les autres parties, et la somme totale sera, sans oublier les triangles ABD, BCD, la surface du champ.

Ce même système peut être aussi employé utilement quand le champ a pour limite des lignes droites.

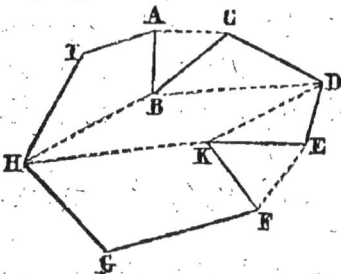

Fig. 39.

70. Le champ peut avoir des angles rentrants, tel que le champ ABCDEKFGHI (*fig*.39). On peut ramener ce cas au premier [67] en joignant AC et EF ; après avoir mesuré le champ tout comme s'il avait la forme ACDEFGHI, on retranchera la mesure des triangles ABC, EKF.

Dans certains cas, il sera plus avantageux de procéder par triangles en joignant un des sommets, et surtout un sommet d'angle rentrant aux autres.

Enfin si on emploie les lignes d'opération [69] HB, BD, DK, KH, on voit que l'on arrivera encore très-facilement à avoir la mesure du champ.

71. Le terrain à mesurer peut affecter une forme sinueuse, présenter deux ou trois versants, avoir des accidents, se trouver en partie du côté d'un monticule et en partie de l'autre, ou bien encore être dans un bas-fond ; toutes ces diverses formes rentrent dans celles que nous venons de

voir, avec l'attention de mesurer les distances sans suivre les formes de la surface, mais de mesurer tout comme si les droites qui joignent les points étaient horizontales; nous avons appris à opérer ainsi [62].

Soit un terrain sur un monticule dont une partie se trouve d'un côté et la deuxième partie de l'autre côté. On mesurera chaque partie en ayant le soin de ramener la distance à être horizontale [62].

Si le terrain était en forme d'entonnoir, on suivrait le même procédé.

72. Les terrains dont je viens de parler sont accessibles, c'est-à-dire que l'on peut y pénétrer. Mais quand il s'agit de terrains inaccessibles, tels qu'une forêt, un lac, un marais, les opérations ne peuvent se faire dans l'intérieur. Voyons comment on s'y prend.

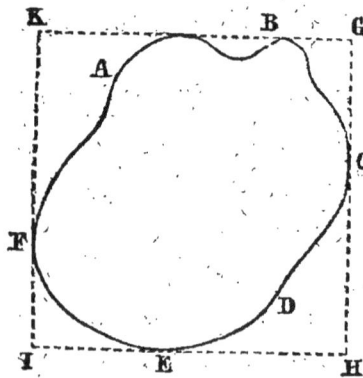

Fig. 40.

Soit le terrain ABCDEF (fig. 40) inaccessible, ou dans lequel on ne puisse pas pénétrer. Pour opérer, on enveloppe le terrain d'un rectangle, et pour cela on choisit les quatre points les plus saillants et les plus opposés, tels que

B, C, E, F. Par le point B on mène une droite KG en
dehors du terrain; des points F et C on mène IK
et HG perpendiculaires à KG, ou l'on cherche
les pieds des perpendiculaires K et G, et enfin
du point E on mène IH perpendiculaire à KI
ou à GH; on a ainsi un rectangle dont on peut
déterminer la surface. Mesurons les quatre parties FKAB, BGC, CDEH, FIE, et retranchons-
les de l'aire du rectangle, on aura celle du terrain
proposé.

73. Une rivière coule dans un espace inaccessible, il est souvent important d'en avoir la largeur en certains endroits.

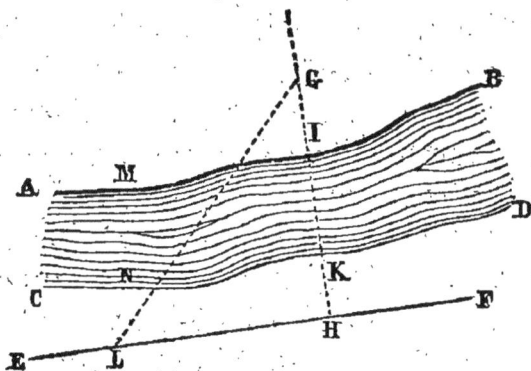

Fig. 41.

Soit AB, CD (*fig.* 41) les deux bords de la rivière; de l'un des deux côtés on plante des jalons en E et en F, de telle sorte que la ligne droite
EF qui les joint ait sensiblement la même direction
que CD. On place l'équerre en un point G de l'autre

rive, et l'un des diamètres dans une direction
GH perpendiculaire à EF; le point H sera le pied
de la perpendiculaire. On plante sur EF un jalon
qui se trouve sur la direction du diamètre consécutif à celui qui est perpendiculaire à GH, c'est
le point L, et ce diamètre a la direction GL.
L'angle que font entre eux les diamètres est de
45° [65], c'est l'angle GLH, et comme ce triangle
est rectangle, l'angle LGH aura aussi 45° [35],
il est donc isocèle; donc [37] GH = LH. On peut
facilement mesurer LH. Si on en retranche GI et
KH, on aura la largeur IK de la rivière.

Il sera facile d'obtenir la surface d'une rivière:
on la partagera à vue d'œil en portions affectant
très-approximativement un rectangle; soit MNIK
l'une de ces portions; au moyen de l'opération
précédente on connaîtra IK. Par le même procédé
on pourra déterminer les points N et M de telle
sorte que MN soit parallèle à IK; on mesurera la
longueur NK et on obtiendra ce qu'il faut pour
avoir l'aire de la surface MNIK. Agissant ainsi
sur chaque portion et en faisant la somme, on
aura la surface totale.

74. On a souvent besoin de partager les terrains, c'est une opération délicate et difficile.
Voici deux exemples qui pourront guider dans
un assez grand nombre de cas.

Soit d'abord un champ de la forme ABCDEFG
(*fig.* 42). Supposons qu'on l'ait mesuré comme

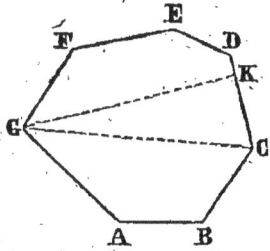

Fig. 42.

nous l'avons dit; soit mené la directrice GC, elle aura au-dessus d'elle un espace qui sera, je suppose, de 53^{mc}, et au-dessous d'elle, de 45 : la différence sera de 8^{mc}. En ajoutant la moitié de cette différence à la partie qui a 45^{mc} et en la retranchant de la partie qui a 53^{mc}, on aura des surfaces équivalentes. Il suffit donc d'ajouter à la partie GABC une surface de 4^{mc}. Or, si sur GC comme base on pouvait faire un triangle qui eût 4^{mc} de surface, on aurait résolu le problème. Remarquons que nous connaissons la base de ce triangle qui est GC, et on la connaît en mètres. Si donc on divise 4^{mc} par le nombre de mètres que renferme GC, on aura la moitié de la hauteur du triangle, et en doublant on aura cette hauteur. Si donc on mène à GC une parallèle à une distance égale à cette hauteur, la parallèle coupera DC en un point K, et joignant K à G, on aura un triangle GKC dont la surface aura 4^{mc} : donc le champ sera partagé par GK en deux parties équivalentes.

La parallèle menée à la direction pourrait ne pas rencontrer un des côtés contigus, mais le côté suivant. Dans ce cas on évaluerait approximativement quelle portion devrait être ajoutée, d'après la hauteur à laquelle arrive la parallèle, ou bien on choisirait une autre directrice.

75. Pour partager un champ en trois parties équivalentes, l'opération est un peu plus difficile; mais elle n'est pas impossible, au moins approximativement.

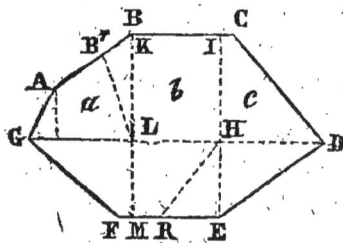

Fig. 43.

Soit le champ ABCD EFG (*fig.* 43); menons la directrice GD et partageons-la en trois parties égales : ce qui est facile, si on en connaît la longueur; on pourra donc facilement déterminer les points L et H.

Aux points L et H menons des perpendiculaires KM et IE; le champ est divisé en trois parts : il s'agit d'examiner si elles sont équivalentes, ou de se servir de ces trois parts pour les rendre telles. Supposons que l'on ait mesuré le champ et que l'on ait trouvé 96ᵃ, chaque partie devra avoir 32 ares; or la partie *a* renferme 34ᵃ, la partie *b* 40, et la partie *c* 22. Si on donne à *b* les 2 ares que *a* a de trop, on aura par la méthode précédente la figure B'KIEML qui renferme actuellement 42 ares; mais celle-ci renferme 10 ares de plus que la partie *c*, et par une opération semblable on distraira de la partie *b* une portion HER qui vaudra 10 ares, et qui, ajoutée à la partie *c*, lui donnera la valeur de 32 ares; donc la partie AB'LMFG aura 32 ares, B'KIHRML aura aussi 32 ares, et enfin CDERHI aura de même 32 ares: le champ sera donc partagé en trois parties équivalentes.

On voit, par ces deux exemples, combien il faut avoir d'habitude pour parvenir rapidement à un résultat exact; mais un opérateur exercé saura quelle direction il doit prendre pour arriver plus sûrement au résultat.

III. LEVER DES PLANS.

— ◇ —

CHAPITRE VIII.

Propriétés des rapports égaux.

Définition du lever des plans. — Rapport géométrique.
— Rapports égaux ; manière de les former. — Pro-
priétés des rapports égaux par voie de multiplication.
— Propriétés des rapports égaux par voie d'addition.
— Recherche du quatrième terme de deux rapports
égaux.

76. Le *lever des plans* consiste à tracer en petit,
sur une surface plane, la configuration d'un
terrain. Il est donc nécessaire de diminuer la longueur des côtés dans un rapport donné : de là la
nécessité d'étudier les rapports, pour comprendre le lever des plans.

77. Quand on compare une quantité à une autre par voie de division, on a un rapport qui est
appelé *rapport géométrique* ou *rapport par
quotient*.

Ainsi je compare 3 à 12 par voie de division,
c'est-à-dire que je cherche combien de fois 3 est
renfermé dans 12 ; le fait de cette opération
constitue un rapport que l'on peut écrire ainsi :
12 : 3 ; les deux points signifient *est à ;* ou en-

core $\frac{12}{3}$. Le résultat de la division est 4 : ce dernier nombre est appelé *raison* du rapport. Si je
compare 7 à 11 par voie de division, j'écrirai :
11 : 7, ou $\frac{11}{7}$. On voit qu'une fraction peut être
prise comme un rapport par quotient. Les deux
nombres du rapport sont les termes : le premier
terme est l'antécédent, et le deuxième terme le
conséquent. Il va sans dire que l'on peut multiplier ou diviser l'antécédent et le conséquent par
le même nombre sans altérer le rapport, puisque
c'est une véritable fraction.

78. D'après ce dernier principe un rapport étant
donné, on peut en former une infinité d'autres
qui lui sont égaux.

Ainsi en multipliant les deux termes du rap-
port $\frac{12}{3}$ ou 12 : 3, par 3, on obtient $\frac{36}{9}$ ou 36 : 9,
et on peut écrire que $\frac{12}{3} = \frac{36}{9}$ ou 12 : 3 = 36 : 9.
L'ensemble de ces quatre nombres ainsi formés
est appelé une proportion. Une proportion est
donc l'expression de deux rapports par quotient
égaux.

Au lieu du signe d'égalité qui se trouve entre
les deux rapports on met quatre points, qui signifient *comme*, ainsi qu'il suit : 12 : 3 : : 36 : 9 ;
on énonce : douze est à trois, comme trente-six
est à neuf, ou 12 contient 3 autant de fois que 36

contient 9. Mais nous la présenterons sous la forme de deux fractions égales

$$\frac{12}{3} = \frac{36}{9}.$$

79. Quand deux rapports sont égaux, le produit du numérateur du premier par le dénominateur du second est égal au produit des deux autres termes.

Soit $\frac{7}{8} = \frac{14}{16}.$

En réduisant ces deux fractions au même dénominateur, elles seront toujours égales, et l'on aura sans effectuer les calculs

$$\frac{7 \times 16}{8 \times 16} = \frac{14 \times 8}{16 \times 8}.$$

Or, 7×16 est le produit du numérateur de la première par le dénominateur de la seconde, et 14×8 est le produit des deux autres termes.

80. Étant donnés les trois premiers termes de deux rapports égaux, on peut trouver le quatrième.

Soient les trois premiers termes 12, 3, 20. Le quatrième nombre doit être tel que, multiplié par 12, il donne le même produit que le produit des deux autres termes ou $3 \times 20 = 60$. Ce qui revient à dire que 60 est le produit entre deux facteurs qui sont 12 et le quatrième nom-

bre; donc en divisant 60 par 12 on aura le quatrième nombre qui est 5; on a en effet

$$\frac{12}{3} = \frac{20}{5}.$$

81. Quand deux rapports sont égaux, on forme
encore des rapports égaux en faisant la somme
de chacun des numérateurs avec son dénominateur et en prenant le même dénominateur.

Ainsi, soit

$$\frac{9}{18} = \frac{7}{14}.$$

Pour se bien rendre compte de cette propriété,
il faut remarquer que si l'on ajoute une unité à
une fraction ou à un rapport, cela revient à aug-
menter le numérateur du dénominateur.

Ainsi si à $\frac{9}{18}$ on veut ajouter 1 ou $\frac{18}{18}$ on aura

$\frac{9+18}{18}$: à 9 le numérateur on a réellement ajouté
le dénominateur 18. Donc, si au numérateur
d'une fraction, on ajoute le dénominateur, c'est
comme si on ajoutait une unité. Si donc au lieu
de mettre

$$\frac{9}{18} \text{ je mets } \frac{9+18}{18},$$

j'aurai augmenté le rapport d'une unité. Si au
lieu de mettre

$$\frac{7}{14} \text{ je mets } \frac{7+14}{14},$$

j'aurai encore, augmenté ce deuxième rapport d'une unité, et comme ces rapports étaient égaux avant l'addition de cette unité, ils le sont après l'addition, ce qui fait que l'on a

$$\frac{9+18}{18} = \frac{7+14}{14}.$$

Il est clair qu'au lieu de prendre le deuxième et le troisième terme on pourrait prendre le premier et le troisième, et dire :

$$\frac{9+18}{9} = \frac{7+14}{7}.$$

De même, on pourra écrire :

$$\frac{9+7}{18+14} = \frac{9}{18} = \frac{7}{14}.$$

82. Dans une suite de rapports égaux, le rapport de la somme des numérateurs à celle des dénominateurs est égal à l'un des rapports donnés.

Soit en effet

$$\frac{7}{8} = \frac{14}{16} = \frac{21}{24} = \frac{28}{32}.$$

Si on ne considère d'abord que les deux premiers rapports on aura d'après [81]

$$\frac{7+14}{8+16} = \frac{14}{16}.$$

Mais comme tous les rapports sont égaux, on peut remplacer $\frac{14}{16}$ par le rapport $\frac{21}{24}$; d'où :

$$\frac{7+14}{8+16} = \frac{21}{24}.$$

Appliquant à celle-ci la proposition [81] on aura :

$$\frac{7 + 14 + 21}{8 + 16 + 24} = \frac{21}{24}.$$

Remplaçant dans cette dernière le rapport $\frac{21}{24}$ par le rapport $\frac{28}{32}$, qui lui est égal, on a :

$$\frac{7 + 14 + 21}{8 + 16 + 24} = \frac{28}{32}.$$

Et appliquant la proposition [81] on a :

$$\frac{7 + 14 + 21 + 28}{8 + 16 + 24 + 32} = \frac{28}{32};$$

c'est bien le principe énoncé.

83. Un nombre est dit moyen proportionnel entre deux autres nombres quand on peut faire deux rapports égaux, tels que les deux nombres sont, l'un numérateur du premier rapport, l'autre dénominateur du second. Ainsi 8 est moyen proportionnel entre 16 et 4 ; car on a les rapports égaux

$$\frac{16}{8} = \frac{8}{4}.$$

On voit que le carré du moyen ou 8^2 est égal au produit des deux nombres 16 et 4 ; donc, pour avoir le moyen , il faut extraire la racine carrée de 16×4 ou 64.

CHAPITRE IX.

Des lignes proportionnelles.

Définition des lignes proportionnelles. — Droites égales
interceptées entre des parallèles. — Droites proportionnelles interceptées entre plusieurs parallèles. —
Triangle formé par une parallèle menée au côté d'un
triangle. — Division d'une droite en parties égales.

84. Les lignes proportionnelles sont celles qui,
deux à deux, expriment des rapports égaux.

85. **Théorème.** *Si sur une ligne droite on prend
plusieurs longueurs égales et que l'on mène des
parallèles par chacun des points de division, ces
dernières coupent en parties égales toute autre
ligne droite située sur le même plan.*

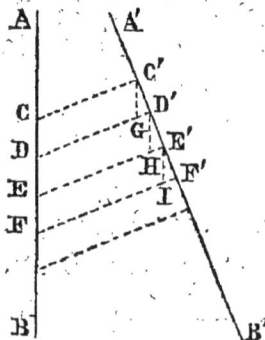

Hypothèse : On a pris (*fig.*
44) sur AB des longueurs CD,
DE, EF égales. Par les points
de division C, D, E, F on a
mené des parallèles CC′, DD′,
EE′, qui coupent la droite
A′B′.

Conséquence : Les droites
C′D′, D′E′, E′F′ interceptées
sur A′B′ sont aussi égales
entre elles.

Fig. 44.

Menez par les points C', D', E' des droites
C'G, D'H, E'I parallèles à AB, on forme ainsi des
triangles C'GD', D'HE', E'IF' égaux entre eux. Car
le côté C'G = CD [32], D'H = DE, et comme,
par hypothèse, CD = DE, on a C'G = D'H; de
plus, l'angle GC'D' = HD'E' comme correspondants [28], par rapport aux parallèles C'G,
D'H et la sécante A'B' : l'angle C'D'G = D'E'H
par la même raison. Donc le troisième angle G
de l'un égale le troisième angle H de l'autre
[35]; ces deux triangles sont donc égaux [32].
Donc C'D' = D'E' et D'E' = E'F'.

86. Théorème. *Si deux droites sont coupées
par trois parallèles, les portions correspondantes
de ces droites comprises entre les parallèles sont
proportionnelles, ou forment des rapports égaux.*

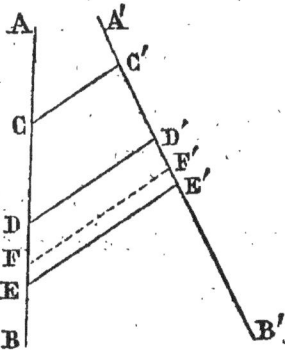

Fig. 45.

Hypothèse : Les droites
(*fig.* 45) AB, A'B' sont coupées par les trois parallèles
CC', DD' EE'.

Conséquence : Les por-
tions CD, DE, sont proportionnelles à C'D', D'E', ou

$$\frac{CD}{DE} = \frac{C'D'}{D'E'}.$$

1° Supposons qu'il existe
une ligne droite comprise

exactement dans CD et DE, qu'elle soit comprise sept fois dans CD et trois fois dans DE, on aura :

$$\frac{CD}{DE} = \frac{7}{3}.$$

Si par chacun des points de division on mène des parallèles à CC', on formera sur C'D' sept portions égales, et trois sur D'E' [85], et l'on aura encore :

$$\frac{C'D'}{D'E'} = \frac{7}{3}.$$

Comparant ensemble ces deux égalités, on aura :

$$\frac{CD}{DE} = \frac{C'D'}{D'E'}.$$

2° Si l'on suppose qu'il n'y ait pas de ligne droite exactement comprise dans CD et dans DE, on pourra toujours diviser CD (fig. 45) en parties égales et prolonger les divisions au-dessous du point D jusqu'au point F. Le reste FE sera plus petit que l'une de ces divisions. En menant par le point F une parallèle FF' à DD', on aura deux portions CD, DF qui renferment une droite un nombre exact de fois, et d'après le premier cas on aura l'égalité

$$\frac{CD}{DF} = \frac{C'D'}{D'F'}.$$

Mais DF est la même chose que DE — EF, et D'F' la même chose que D'E'—E'F'. Substituant dans l'égalité ces deux dernières valeurs en place de DF et D'F', on aura :

$$\frac{CD}{DE - EF} = \frac{C'D'}{D'E' - E'F'}.$$

Si les longueurs EF, E'F' pouvaient être réduites à zéro, on aurait :

$$\frac{CD}{DE} = \frac{C'D}{D'E'}.$$

Or, on a divisé CD en parties égales, et c'est en portant l'une des portions au-dessous de D que l'on a eu la longueur FE ; mais si on divise en nombre double, triple, etc., de parties égales, les longueurs FE et F'E' diminueront de plus en plus, et le point F tendra à se confondre avec le point E et le point F' avec le point E'. Donc, si on divise C'D' en un nombre infini de parties égales, FE et F'E' deviendront nuls et l'on aura l'égalité demandée.

87. Si on applique à l'égalité

$$\frac{CD}{DE} = \frac{C'D'}{D'E'}$$

le principe n° 81, on aura :

$$\frac{CD + DE}{CD} = \frac{C'D' + D'E'}{D'E'},$$

$$\text{ou } \frac{CD}{CD} = \frac{C'E'}{C'D'},$$

$$\text{ou } \frac{CE}{DE} = \frac{C'E'}{D'E'}.$$

En d'autres termes, deux portions quelconques, prises sur l'une des droites, sont proportionnelles aux deux portions qui leur correspondent sur l'autre droite.

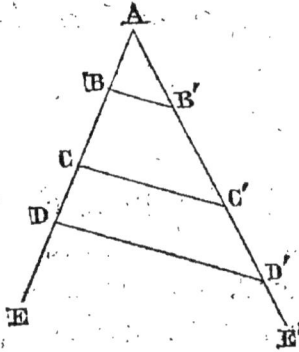

Fig. 46.

88. Si on suppose que les droites se rencontrent, on pourra déterminer le point de départ au sommet de l'angle.

Ainsi, soient les deux droites AE, AE' (*fig. 46*). Menons les parallèles BB', CC', DD', on aura :

$$\frac{AB}{BC} = \frac{A'B'}{B'C'},$$

$$\text{ou } \frac{AB}{AC} = \frac{A'B'}{A'C'},$$

$$\text{ou } \frac{BC}{CD} = \frac{B'C'}{C'D'},$$

et ainsi de suite.

89. **Théorème.** *Si dans un triangle on mène une parallèle à l'un des côtés, on aura un autre triangle dont les côtés seront proportionnels à ceux du premier triangle.*

Hypothèse : Dans le triangle ABC (*fig.* 47), le côté DE est parallèle à AC.

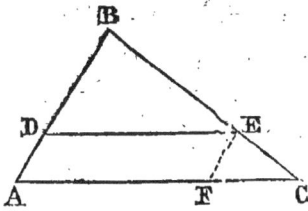

Fig. 47.

Conséquence : Les côtés du triangle BDE sont proportionnels aux côtés du triangle ABC.

De ce que DE est parallèle à AC, on a [85] :

$$\frac{BA}{BD} = \frac{BC}{BE}.$$

Si par le point E on mène EF, parallèle à BA, on aura en prenant C pour point de départ :

$$\frac{CB}{EB} = \frac{AC}{AF},$$

et comme FA = DE, on a

$$\frac{BC}{BE} = \frac{AC}{DE}.$$

Cette dernière égalité et la première ayant un rapport égal, on peut dire que

$$\frac{BA}{BD} = \frac{BC}{BE} = \frac{AC}{DE}.$$

90. Ce principe sert à la division d'une droite en parties égales.

Ainsi soit AB (*fig.* 48) à partager en sept portions égales; on mène du point A une droite indéfinie, et on prend sur cette dernière, à partir du point A, sept

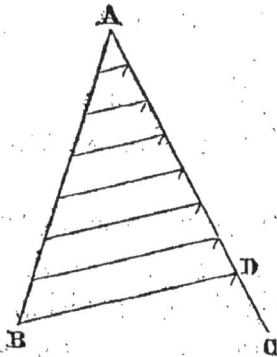

Fig. 48.

longueurs égales; on joint le dernier point de division D à B, et on mène des parallèles par chacun des autres points; on forme sur AB sept parties proportionnelles à celles de AC et par suite égales.

CHAPITRE X.

Des triangles semblables.

Définition des triangles semblables. — Trois caractères de similitude des triangles. — Propriétés du triangle rectangle quand du sommet on abaisse une perpendiculaire sur l'hypoténuse. — Carré de l'hypoténuse. — Manière de déterminer un des côtés d'un triangle rectangle connaissant les deux autres. — Triangles semblables formés par les sommets de triangles semblables entre eux.

91. On conçoit que deux figures sont semblables, quand l'une est plus petite que l'autre tout en ayant la même forme.

Deux triangles sont dits semblables quand ils ont les angles égaux et les côtés homologues proportionnels.

Il n'est pas nécessaire d'examiner si ces deux conditions sont remplies pour affirmer la similitude des triangles. L'une de ces deux conditions suffit, et c'est ce qui constitue les caractères suivants de similitude.

92. Théorème. *Deux triangles qui ont les angles égaux chacun à chacun sont semblables.*

Fig. 49.

Hypothèse : Dans les deux triangles (*fig.* 49) ABC, A'B'C', on a B=B', C=C'.

Conséquence : Ces deux triangles sont semblables, ou leurs côtés homologues sont proportionnels.

Soit pris sur BA, BA″ =B'A', et par le point A″ soit menée A″C″ parallèle à AC. On aura un triangle BA″C″ égal au triangle A'B'C'. Car le côté BA″=B'A'; l'angle B=B' par hypothèse, et l'angle BA″C″ = A comme correspondants par rapport aux droites A″C″, AC et à la sécante BA; mais A = A', donc BA″C″ est égal à A'. Ces deux triangles ont donc un côté égal adjacent à des angles égaux, ils sont donc égaux ; mais le côté A″C″ étant parallèle à AC, les côtés du triangle BA″C″ sont proportionnels aux côtés du triangle ABC [89]; donc son égal A'B'C' aura aussi les côtés proportionnels aux côtés du triangle ABC, donc ces deux triangles sont semblables.

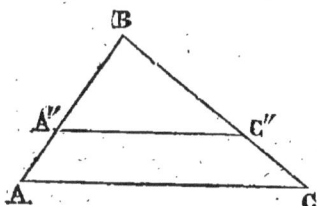

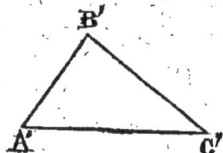

93. Théorème. *Deux triangles qui ont les côtés homologués proportionnels sont semblables.*

Hypothèse : Les deux triangles (*fig.* 49) ABC, A'B'C' donnent

$$\frac{BA}{B'A'} = \frac{BC}{B'C'} = \frac{AC}{A'C'}.$$

Conséquence : Les angles du triangle ABC sont respectivement égaux aux angles du triangle A'B'C' et ces deux triangles sont semblables.

Soit pris BA″ = B'A' et soit menée A″C″ parallèle à AC. Les angles du triangle BA″C″ sont respectivement égaux aux angles du triangle ABC; il suffira donc de prouver que le triangle BA″C″ est égal au triangle A'B'C'. Comme A″C″ est parallèle à AC, on a [89]

$$\frac{BA}{BA''} = \frac{BC}{BC''} = \frac{AC}{A''C''};$$

mais l'hypothèse donne

$$\frac{BA}{B'A'} = \frac{BC}{B'C'} = \frac{AC}{A'C'}.$$

Si je compare les trois premiers termes BA, BA″, BC de la première suite de rapports aux trois premiers termes de la deuxième suite, on voit qu'ils sont égaux; donc le quatrième terme BC″ de la première partie = B'C' [80].

Par la même raison A″C″ = A'C'. Les deux triangles BA″C″, B'A'C' sont égaux comme ayant

3.

les trois côtés égaux chacun à chacun ; mais les angles de BA″C″ sont égaux aux angles du triangle ABC ; donc les angles du triangle A′B′C′ sont aussi respectivement égaux aux angles du triangle ABC, et les deux derniers sont semblables.

94. Théorème. *Deux triangles qui ont un angle égal compris entre deux côtés homologues proportionnels sont semblables.*

Hypothèse : L'angle B = B′ (*fig.* 49) et l'on a la proportion

$$\frac{BA}{B'A'} = \frac{BC}{B'C'}.$$

Conséquence : Les deux triangles sont semblables.

Faisant la même construction que précédemment, il faut démontrer l'égalité des triangles BA″C″, B′A′C′ ; or l'angle B = B′, de plus BA″ = B′A′, et comme A″E″ est parallèle à A″C″, on a [89]

$$\frac{BA}{B'A'} = \frac{BC}{BC''} ;$$

Mais l'hypothèse donne

$$\frac{BA}{B'A'} = \frac{BC}{B'C'},$$

d'où [80] BC″ = B′C′. Les deux triangles ayant un angle égal compris entre deux côtés égaux chacun à chacun sont égaux [31]; donc les triangles ABC, A'B'C' sont semblables.

95. **Théorème.** *Si du sommet de l'angle droit d'un triangle rectangle on abaisse une perpendiculaire sur l'hypoténuse, on forme deux triangles semblables entre eux; chacun des côtés de l'angle droit est une moyenne proportionnelle [84] entre l'hypoténuse et le segment adjacent, et la perpendiculaire est moyenne proportionnelle entre les deux segments faits sur l'hypoténuse.*

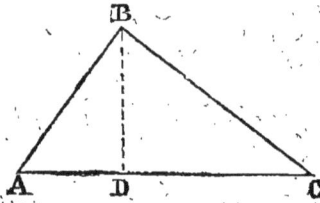

Soit le triangle ABC (*fig.* 50) rectangle en B. Du point B on a abaissé BD perpendiculaire à AC. En comparant le triangle ABC à ABD on voit que l'angle A leur est commun et que chacun d'eux a un angle droit, les deux triangles sont donc semblables [92]. Par la même raison, BDC est semblable à ABC; donc les deux triangles ABD, DBC sont semblables.

Fig. 50.

Comparant les côtés du triangle ABD à ceux du triangle ABC, on a

$$\frac{AC}{AB} = \frac{AB}{AD},$$

donc AB est moyenne proportionnelle à AC et AD. De même comparant DBC à ABC, on a

$$\frac{AC}{BC} = \frac{BC}{DC}.$$

Enfin, comparant ABD à DBC, on a

$$\frac{AD}{BD} = \frac{BD}{DC}.$$

Les deux premiers rapports égaux donnent [79]

$$\overline{AB}^2 = AC \times AD, \ \overline{BC}^2 = AC \times DC.$$

Ajoutant membre à membre, on a

$$\overline{AB}^2 + \overline{BC}^2 = AC \ (AD + DC) = \overline{AC}^2,$$

ou la somme des carrés faits sur les côtés de l'angle droit est égale au carré de l'hypoténuse.

Si donc on donne en nombres les longueurs AB, BC, on pourra obtenir AC. Ainsi soit AB = 12^m, BC = 20^m, le carré de AC ou $\overline{AC}^2 = 12^2 + 20^2$ = 544^m; donc en extrayant la racine carrée de 544, on aura la longueur de AC; or, à une unité près, elle est 23, donc AC = 23^m. De même si l'on donne AC = 23^m, BC = 20^m, on mettra $\overline{AB}^2 = 544 - 400 = 144$ dont la racine est 12; donc AB = 12^m.

96. Théorème. *Si, sur deux droites de lon-*
gueurs inégales, on construit trois triangles sem-
blables chacun à chacun, et si on joint les trois
sommets opposés aux droites, on obtiendra deux
triangles semblables.

Soient (*fig.* 51) les triangles MAN, MBN, MCN
respectivement semblables aux triangles M'A'N',
M'B'N', M'C'N'; il s'agit de démontrer que le
triangle ABC est aussi semblable au triangle
A'B'C'. Puisque les triangles MAN, MBN, MCN
sont supposés semblables aux triangles M'A'N',
M'B'N', M'C'N, on a la suite de rapports égaux :

$$\frac{MN}{M'N'} = \frac{MA}{M'A'} = \frac{MB}{M'B'} = \frac{MC}{M'C'} = \frac{NA}{N'A'} = \frac{NB}{N'B'} = \frac{NC}{N'C'}.$$

Remarquons de plus que l'angle AMN=A'M'N',
puisque les triangles MAN, M'A'N' sont semblables.

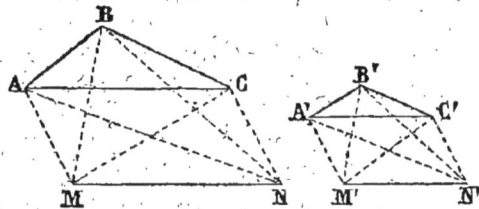

Fig. 51.

L'angle BMN=B'M'N', donc la différence des
angles AMN, BMN ou AMB est égale à la diffé-

rence des angles A'M'N' = B'M'N' ou A'M'B'; donc les deux triangles AMB, A'M'B' ont un angle égal compris entre deux côtés homologues proportionnels, ces deux triangles sont donc semblables [94]. Donc le rapport de AB à A'B' est le même que celui de MA à M'A' ou de MN à M'N'. On verra de même que les triangles BMC, ANC sont respectivement semblables aux triangles B'M'C', A'N'C'; d'où le rapport de BC à B'C', et celui de AC à A'C' sont égaux à celui de MN à M'N'. Les deux triangles ABC, A'B'C' ont donc les côtés homologues proportionnels, et par suite ils sont semblables [93].

CHAPITRE XI.

Des polygones semblables.

Définition des polygones semblables. — Caractère de similitude des polygones semblables.

97. Deux polygones sont dits semblables quand ils sont composés d'un même nombre de triangles semblables chacun à chacun et semblablement disposés.

98. Théorème. *Deux polygones semblables ont les angles égaux et les côtés homologues proportionnels.*

Puisqu'on suppose les polygones (*fig.* 52) ABCDEF, A'B'C'D'E'F' semblables, d'après la définition, les triangles ABC, ACD, ADE seront semblables aux triangles A'B'C', A'C'D', A'D'E'.

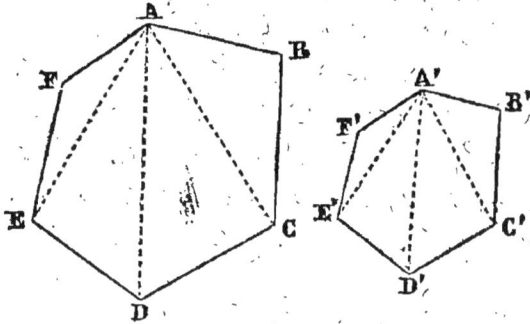

Fig. 52.

Les angles des polygones seront ou angles homologues des triangles ou portions d'angles homologues de ces mêmes triangles, et comme les triangles ont les angles égaux chacun à chacun, les angles des polygones le seront aussi.

De même les triangles étant semblables ont leurs côtés homologues proportionnels ; mais les côtés des triangles sont ou côtés des polygones ou diagonales, donc les côtés des deux polygones sont proportionnels.

99. Théorème. *Deux polygones qui ont les angles égaux et les côtés homologues proportionnels sont semblables.*

Il faut démontrer que les triangles qui composent les deux polygones sont respectivement
semblables.

En comparant (*fig.* 52) les triangles ABC,
A'B'C' on a l'angle B = B'; d'après l'hypothèse
et pour la même raison

$$\frac{AB}{A'B'} = \frac{BC}{B'C'};$$

donc [94] ces deux triangles sont semblables.
Comparant les triangles ACD, A'C'D', on a par
hypothèse :

$$\frac{BC}{B'C'} = \frac{CD}{C'D'}.$$

Mais la similitude des triangles ABC, A'B'C',
donne

$$\frac{BC}{B'C'} = \frac{AC}{A'C'};$$

donc

$$\frac{CD}{C'D'} = \frac{AC}{A'C'};$$

ces deux triangles ont donc déjà deux côtés homologues proportionnels ; de plus, par l'hypothèse, l'angle BCD = B'C'D' et par la similitude
des triangles ABC, A'B'C', ACB = A'C'B' ; les deux
triangles ACD, A'C'D' [94] sont donc semblables.

On demontrerait de même que les autres triangles du polygone ABCDEF sont semblables aux
triangles du polygone A'B'C'D'E'F', donc les deux
polygones sont semblables.

CHAPITRE XII.

Comparaison des surfaces semblables.

Rapport de deux triangles semblables. — Rapport de deux polygones semblables. — Applications numériques, Réduction d'une surface.

100. Théorème. *Les surfaces de deux triangles semblables sont entre elles comme les carrés des côtés homologues.*

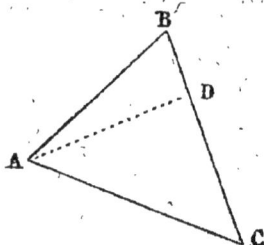

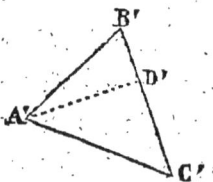

Fig. 53.

Soient (*fig.* 53) deux triangles semblables ABC, A'B'C'; il faut démontrer qu'ils sont comme les carrés des côtés homologues.

Des points homologues A et A' menons la hauteur AD, A'D' de chacun des triangles; on a ainsi le triangle ABD semblable à A'B'D'; car l'angle B = B' d'après l'hypothèse, et les angles en D et D' sont droits; on a donc la proportion [92]

$$\frac{AD}{A'D'} = \frac{AB}{A'B'}.$$

Mais la comparaison des côtés des triangles semblables ABC, A'B'C' donne

$$\frac{BC}{B'C'} = \frac{AB}{A'B'}.$$

Multipliant, terme par terme, ces deux proportions, on a

$$\frac{BC \times AD}{B'C' \times A'D'} = \frac{\overline{AB}^2}{\overline{A'B'}^2}.$$

Comme on peut diviser les deux termes d'un même rapport par le même nombre [77], en divisant par 2, on aura

$$\frac{\frac{1}{2} BC \times AD}{\frac{1}{2} B'C' \times A'D'} = \frac{\overline{AB}^2}{\overline{A'B'}^2}.$$

Or $\frac{BC \times AD}{2}$ [57], c'est la surface du premier triangle, et $\frac{B'C' \times A'D'}{2}$, c'est la surface du deuxième.

Donc les surfaces sont entre elles comme les carrés des côtés homologues.

Supposons que AB = 20^m et A'B' = 4^m, les triangles seront entre eux comme $20^2 : 4^2$, ou comme 400 : 16, ou, en simplifiant et divisant les deux termes par 8, comme 50 : 2, ou enfin :: 25 : 1. Le grand triangle vaudra donc 25 fois le petit.

101. Théorème. *Deux polygones semblables sont entre eux comme les carrés des côtés homologues.*

Puisque les polygones (*fig.* 52) ABCDEF, A'B'C'D'E'F' sont supposés semblables, on peut les décomposer en triangles semblables chacun à chacun.

Comparant ces triangles, on aura, d'après la propriété précédente :

$$\frac{ABC}{A'B'C'} = \frac{\overline{BC}^2}{\overline{B'C'}^2},$$

$$\frac{ACD}{A'C'D'} = \frac{\overline{CD}^2}{\overline{C'D'}^2},$$

$$\frac{ADE}{A'D'E'} = \frac{\overline{DE}^2}{\overline{D'E'}^2}.$$

Mais les côtés forment une proportion

$$\frac{BC}{B'C'} = \frac{CD}{C'D'} = \frac{DE}{D'E'},$$

dont on peut élever tous les termes au carré ; ce qui donne

$$\frac{\overline{BC}^2}{\overline{B'C'}^2} = \frac{\overline{CD}^2}{\overline{C'D'}^2} = \frac{\overline{DE}^2}{\overline{D'E'}^2}.$$

Donc, les rapports entre les triangles sont égaux, ou

$$\frac{ABC}{A'B'C'} = \frac{ACD}{A'C'D'} = \frac{ADE}{A'D'E'}.$$

D'ailleurs

$$\frac{ABC + ACD + ADE}{A'B'C' + A'C'D' + A'D'E'} = \frac{ABC}{A'B'C'}.$$

Or, la première somme est l'un des polygones, et la deuxième somme est le deuxième polygone ; donc en appelant P et P' les deux polygones, on a

$$\frac{P}{P'} = \frac{ABC}{A'B'C'};$$

mais

$$\frac{ABC}{A'B'C'} = \frac{\overline{BC}^2}{\overline{B'C'}^2};$$

donc

$$\frac{P}{P'} = \frac{\overline{BC}^2}{\overline{B'C'}^2}.$$

102. Ainsi, quand on voudra savoir dans quel rapport sont les surfaces de deux polygones semblables, il faudra chercher le rapport des carrés des côtés homologues.

Soit un polygone ABCDE (*fig.* 52) et son semblable A'B'C'D'E' ; que l'on ait mesuré les côtés en mètres et que l'on ait trouvé pour AB une longueur $= 1^m$, que l'on ait pour A'B' une longueur $= 0^m,01$; les surfaces seront dans le rapport de

$$\frac{1^2}{\overline{0^m,01}^2} = \frac{1}{0,0001},$$

donc la surface du petit polygone sera le 0,0001 de la surface du grand, et on verra par là comment le plan a été réduit. Si au lieu d'avoir 1^m, le côté AB avait **15ᵐ**, et le côté A'B' 0ᵐ,15, on aurait le même rapport.

On peut vouloir déterminer le degré de la réduction : ainsi étant donné un polygone dont les côtés sont connus, il s'agit de chercher la longueur des côtés pour que le polygone semblable soit $\frac{1}{10}$ du polygone donné. Si on suppose que l'un des côtés du polygone donné soit en longueur 1ᵐ, il faudra que le côté homologue dans son semblable soit $\sqrt{\frac{1}{10}}$ de mètre. Si on veut que la surface soit $\frac{1}{100}$, il faudra que le côté homologue dans le polygone semblable soit $\sqrt{\frac{1}{100}} = \frac{1}{10}$ de mètre. Ainsi en donnant à chacun des côtés du petit polygone autant de décimètres que les côtés homologues du polygone donné renfermeront de mètres, et en faisant des angles égaux chacun à chacun, on obtiendra une surface réduite au $\frac{1}{100}$.

CHAPITRE XIII.

Instruments pour le lever des plans.

Figuré du lever des plans. — Planchette. — Alidade. —
— Graphomètre. — Échelle de proportion. — Boussole. — Chaîne d'arpenteur, fiches, jalons.

103. Le *lever des plans* est, comme on l'a vu,
l'art de représenter en petit sur le papier les parties d'un terrain dans les rapports de leur étendue et de leur position. De plus, comme à la vue
d'un plan il faut reconnaître les objets que l'on a
voulu tracer, on est convenu de certains signes :
c'est ce que l'on appelle le *figuré*.

104. Quelque forme qu'ait le terrain, on suppose que tous les points sont projetés sur un plan
horizontal. Aussi toutes les mesures de longueur
doivent être prises horizontalement, comme dans
les opérations d'arpentage. On conçoit, en effet,
que l'on ne puisse pas tracer les ondulations, les
cavités, les monticules dans leur développement,
car on aurait des surfaces trop étendues, et d'ailleurs on ne se rendrait pas compte des positions
respectives des différents points.

105. Tout l'art du lever d'un plan consiste à
tracer sur un plan horizontal une figure sem-

blable à celle que formeraient les points principaux d'un terrain unis par des lignes droites.
C'est donc une application directe de la géométrie.

106. Plusieurs instruments sont nécessaires à
cette opération : ce sont : la *planchette,* l'ali-
dade, le *graphomètre,* l'*échelle de proportion,*
la *boussole ,* la *chaîne d'arpenteur,* les *fiches* et
l'*équerre.*

107. La *planchette* est une petite table dont la
partie supérieure est mobile en tout sens sur
un genou, et est supportée sur un pied à trois
branches. Le pied n'a que trois branches pour
pouvoir poser sur les terrains les plus inégaux
sans vaciller [6]. Elle doit être assez légère
pour être aisément transportée d'un endroit à
un autre. C'est sur la planchette que l'on tend
une feuille de papier pour tracer les différentes
parties du lieu. A cet effet, on humecte la feuille
de papier et on la colle sur les quatre côtés ; en
séchant elle se tend d'elle-même. Il existe une
disposition particulière qui permet de ne pas
employer la colle.

Pour disposer la planchette toujours parallèle
à elle-même, on se sert d'une boussole ou d'une
aiguille aimantée de déclinaison. Pour cela il
faudra, à la première position où l'on fixera la
planchette, marquer exactement sur le papier
la direction de l'aiguille et faire, en vertu de la

mobilité de la planchette, que l'aiguille ait cette même direction quand on ira à une autre place.

108. L'*alidade* est une règle en cuivre terminée par deux pinnules qui lui sont perpendiculaires. On se sert des deux pinnules pour déterminer un rayon visuel dirigé du point où l'on est sur un objet quelconque; au moyen de la règle, on trace sur le papier la droite correspondante à ce rayon.

109. Le *graphomètre* est, dans toute sa simplicité, un demi-cercle de cuivre divisé en 180 degrés, avec leurs divisions. Il a deux diamètres, l'un fixe, l'autre mobile tournant autour du centre du demi-cercle; des pinnules sont adaptées à chacun d'eux, ce qui donne deux alidades. Il est supporté sur un trépied, et l'ensemble des deux alidades tourne autour d'un genou de manière à prendre toutes les positions.

Cet instrument sert à prendre la grandeur des angles. Pour cela on le place de manière que chacun des diamètres corresponde à un des côtés de l'angle à mesurer et lui soit parallèle, et que le centre corresponde au sommet de l'angle. A cet effet, on fait passer le fil à plomb par le centre, et s'il passe par le sommet, le centre du graphomètre est bien placé. On fait tourner l'instrument autour du genou jusqu'à ce qu'en regardant par la pinnule opposée du diamètre fixe, on voie un objet apparent placé sur un des côtés de l'angle;

on est sûr que le diamètre fixe correspond à ce côté. L'alidade mobile est amenée dans la direction de l'autre côté par le même moyen, et l'écartement des deux alidades, ou le nombre de degrés que marque le demi-cercle est la mesure de l'angle.

Si on suppose des lunettes en place des deux alidades, on aura un graphomètre beaucoup plus exact.

110. *L'échelle de proportion* est une règle de cuivre divisée ordinairement en décimètres, centimètres, millimètres. On rapporte les grandes distances à ces petites longueurs après être convenu de l'unité qui doit être substituée à l'autre. Ainsi on évalue en général les longueurs en mètres dans la levée des plans et on convient, par exemple, de prendre 1 centimètre pour 1 mètre; cela veut dire que si l'on a mesuré 20 mètres sur le terrain, on marquera sur le papier 20 centimètres; que si on a trouvé sur le terrain 6^m pour la mesure d'une ligne, on prendra $0^m,06$ sur l'échelle de proportion, et on déterminera cette dernière mesure sur la ligne correspondante du plan; que si on a trouvé sur le terrain une longueur de $3^m,4$, on prendra sur le papier une longueur égale à $0^m,034$, et ainsi de suite.

111. La *boussole* se compose d'une aiguille aimantée suspendue à un pivot sur lequel elle peut tourner librement; l'aiguille a la propriété de

prendre toujours une position fixe, du nord au sud, que l'on appelle direction magnétique. Cette direction fait avec la méridienne du lieu un angle qui porte le nom d'angle de déclinaison.

112. La *chaîne d'arpenteur*, les *fiches* et l'*équerre* sont également employées pour le lever des plans[1].

Nous allons voir actuellement comment on peut se servir de ces instruments suivant la méthode employée.

———◦◦◦———

CHAPITRE XIV.

Lever des plans à la chaîne et à l'équerre.

Lever du plan d'un champ. — Lever du plan d'un terrain inaccessible.

113. Le mode à la chaîne et à l'équerre n'est employé que pour des espaces circonscrits, peu étendus et très-rapprochés. Ainsi il est très-facile avec ces deux seuls instruments de transporter sur le papier le plan d'un champ. Il faut se servir à cet effet de la première méthode d'arpentage déjà indiquée [67].

1. On a indiqué l'usage de ces instruments dans la deuxième partie, pages 43 et suivantes.

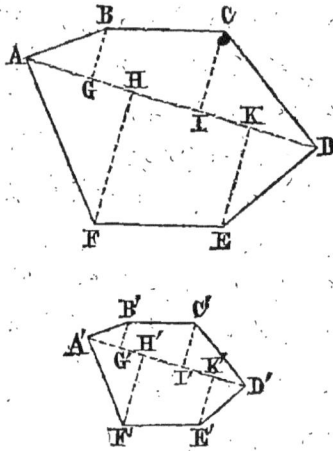

Fig. 54.

Soit donc le champ ABCDEF (*fig.* 54). On a mesuré la directrice AD, les longueurs AG, GI, ID, AH, HK, KD, et les longueurs des perpendiculaires BG, CI, FH, EK; on a inscrit ces mesures sur un carnet destiné à cet objet. Je suppose que le tout soit donné en décamètres, et que l'on veuille avoir sur le plan 1 centimètre pour chaque décamètre :

On décrira une ligne droite A'D', sur laquelle on prendra autant de centimètres que AD renferme de décamètres. On portera sur cette droite une longueur A'G' renfermant autant de centimètres que AG renferme de décamètres, et au point G' on élèvera une perpendiculaire G'B' qui aura autant de centimètres que GB renferme de décamètres. On aura sur le papier le point B' qui correspond à B, et on joindra A'B'. Le triangle A'G'B' sera semblable au triangle AGB [94]. A partir du point G, on prendra G'I', de telle sorte qu'il y ait le même nombre de centimètres que GI a de décamètres, et au point I on mène une perpendiculaire I'C' pour déterminer de la même manière le point C, et on joindra B'C'; on aura un trapèze G'B'C'I' semblable à GBCI [99] ; car ils ont les côtés homologues proportionnels et les angles égaux. On déterminera ainsi tous les points du polygone A'B'C'D'E'F', qui sera le plan du champ ABCDEF.

Il est facile de voir qu'un moyen de vérification consistera à examiner si après avoir fixé le point I', la longueur I'D' sur le papier renferme autant de centimètres que ID contient de décamètres.

On opérera de la même manière pour la deuxième méthode d'arpentage [68].

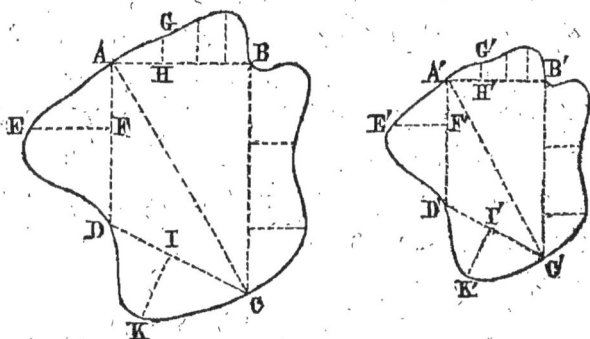

Fig. 55.

114. Une marche analogue peut être employée dans la troisième méthode d'arpentage où l'on trace des lignes d'opération [69].

On commencera par former un quadrilatère semblable au quadrilatère ABCD (*fig.* 55). Il suffit de prendre la longueur A'D' en centimètres de

AD ; du point A' décrire un arc de cercle avec la
longueur A'C' en centimètres de AC, et du point
D' un deuxième arc de cercle avec la longueur
D'C' en centimètres de DC ; on déterminera ainsi
le point C' correspondant à C, et on obtient le
triangle A'D'C' semblable à ADC [69].

On fixe de même le point B', et on a un quadrilatère A'B'C'D' semblable à ABCD ; à chaque
côté correspond une portion du champ dont le
tracé rentre dans le cas précédent ; car on n'a
qu'à fixer les pieds des perpendiculaires F', H',
et leur hauteur F'E', H'G' ; ensuite on les joint en
suivant, à vue d'œil, les mêmes sinuosités que
sur le terrain. Du reste, plus on déterminera de
perpendiculaires et plus le tracé sera exact.

115. Si l'on ne peut pas pénétrer dans la
portion dont on prend le plan, le rectangle en-
veloppant servira à tracer une figure semblable
à celle du terrain [72].

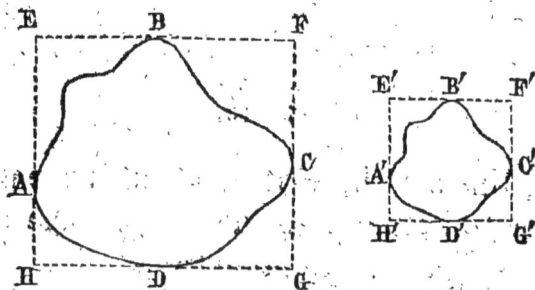

Fig. 56.

Ainsi, soit la forêt ABCD (*fig.* 56). On l'enveloppe d'un rectangle EFGH pour en avoir l'aire ;

on construit un rectangle E'F'G'H' semblable à
EFGH, on fixe sur les côtés les points principaux
A'B'C'D' en prenant des portions H'A', E'B', F'C',
G'D' proportionnelles aux côtés HA, EB, FC, GD;
et au moyen d'un certain nombre de perpendiculaires, on détermine les points intermédiaires,
qui, joints entre eux, forment le champ A'B'C'D';
c'est le plan de ABCD.

CHAPITRE XV.

Lever des plans à la chaîne et à la planchette.

Lever d'un plan en considérant les angles. — Lever d'un
plan en mesurant une seule distance. — Relevé des
détails.

116. Dans la méthode précédente nous n'avons
pas considéré les angles que font entre elles les
lignes droites du terrain. En nous servant de la
planchette il faudra en tenir compte.

117. Prenons un terrain terminé par des lignes
droites, ou ayant la forme d'un polygone et ayant
une position horizontale. De plus, supposons
que l'on peut se placer au centre des positions que
l'on observe.

Soit le terrain ABCDEF (*fig.* 57). On plante
des jalons à chacun des points principaux ABCD,

on transporte la planchette au point A, et après l'avoir mise horizontale, on prend sur le papier un point A' qui est destiné à lui correspondre; on plante en A' une aiguille bien perpendiculairement au plan de la table; on pose l'alidade contre l'aiguille et on la fait glisser et tourner jusqu'à ce que l'œil placé à la pinnule en A' aperçoive le jalon placé en B; le rayon visuel détermine ainsi la direction de la ligne AB suivant A'B' : la règle de l'alidade sert à la tracer sur le papier. De même, en faisant tourner l'alidade

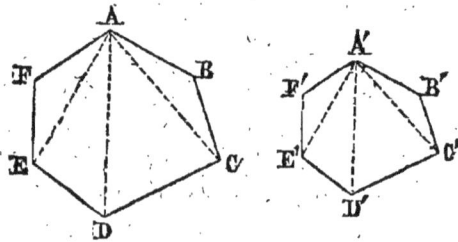

Fig. 57.

autour du point A', pour la diriger vers F, on aura sur le papier la ligne A'F' correspondante à AF. Or, il est déjà à remarquer que l'angle A' $=$ A comme formés par des droites parallèles chacune à chacune; on mesure ensuite sur le terrain avec la chaîne la longueur AB, on prend sur l'échelle de proportion la longueur correspondante à cette mesure et on la porte du point A' au point B', qui alors correspond à B. La planchette est placée au point B horizontalement et parallèlement à la première position. Au point B' on plante une aiguille verticale et on pose l'alidade ; on fait tourner la planchette jusqu'à ce que l'alidade se trouve suivant le rayon visuel BA ; puis on dirige l'alidade suivant BC et on a la direction de la droite B'C' correspondante à BC ; de plus, l'angle B = B'. Après avoir déterminé la longueur BC', on trouve C' correspondant à C. On se transporte de même à chaque sommet du polygone et on a sur le papier le plan A'B'C'D'E'F' du terrain ABCDEF. Ces deux polygones ont en effet les angles égaux et les côtés homologues proportionnels ; donc ils sont semblables [98].

Si le terrain dont on lève le plan n'est pas horizontal, on opère tout comme s'il avait cette situation, et, pour y arriver, on a soin de placer la planchette horizontalement, et par suite parallèlement à elle-même.

118. Dans le cas où tous les points du terrain sont accessibles, on peut se borner à la mesure d'une seule distance. Voici comment on s'y prend :

Soit le polygone (*fig.* 57) ABCDEF dont on veut avoir la conformation en petit. Mettons la planchette au point A et dirigeons l'alidade successivement vers les points B, C, D, E, F pour décrire sur le papier les directions A'B', A'C', A'D' et A'E, A'F. Mesurons la longueur AC et prenons sur A'C' un nombre de divisions égal à la mesure

6

de AC d'après l'échelle de proportion ; on marquera le point C'. Transportons-nous au point C et déterminons au moyen de l'alidade les directions C'B' et C'D' correspondantes à CB et CD ; elles couperont les droites A'B', A'D', et l'on aura ainsi les points B' et D'. Si on transporte la planchette aux points D', E', on tracera les droites D'E', E'F' qui coupant les droites A'D', A'E', donneront les points E'F' ; on aura ainsi tous les sommets du polygone et par conséquent le plan.

Pour vérifier, il est bon, quand on revient sur une droite déjà déterminée, de viser de nouveau l'alidade vers le point duquel part cette ligne droite.

On voit que cette dernière méthode est basée sur le principe que deux polygones composés d'un même nombre de triangles semblables chacun à chacun sont semblables [99].

119. On peut avec la planchette lever les différents détails qui se trouvent dans le terrain, pourvu que l'on puisse voir deux points du contour déjà tracé.

Ainsi soient les deux points A et B du contour qui sont vus (*fig.* 57), et un point C pris dans l'intérieur qu'il s'agit de déterminer. On porte la planchette au point C et on l'oriente au moyen de la boussole ; si on dirige l'alidade successivement dans les sens CA et CB, on décrit sur la planchette les lignes C'A' et C'B', qui correspondent à CA et à CB, et l'intersection de C'A' et C'B' détermine le point C' correspondant à C. On conçoit que tous les détails puissent être ainsi relevés.

CHAPITRE XVI.

Lever des plans à la chaîne et au graphomètre.

Lever d'un terrain inaccessible. — Lever d'un terrain accessible. — Lever d'un terrain terminé par des lignes courbes. — Relevé des détails d'un pays. — Mesure de la hauteur d'une tour. — Tracé d'un chemin ou d'une rivière. — Plan d'un bois. — Emploi de la boussole. — Usage de la boussole pour relever les détails. — Problème inverse. — Lavis des plans.

120. Supposons que le terrain dont on veut avoir le plan ne soit pas accessible, mais que les principaux points en soient visibles, on a recours dans ce cas à la mesure des angles, et l'on se sert à cet effet du *graphomètre.* Voici la méthode que l'on emploie :

Soit le terrain ABCDEF (*fig.* 58) inaccessible, dont on veut avoir le plan. On choisit dans la campagne une portion de plaine de laquelle on puisse le voir : soit pris dans cette plaine un alignement MN, et soient placés en M et N deux

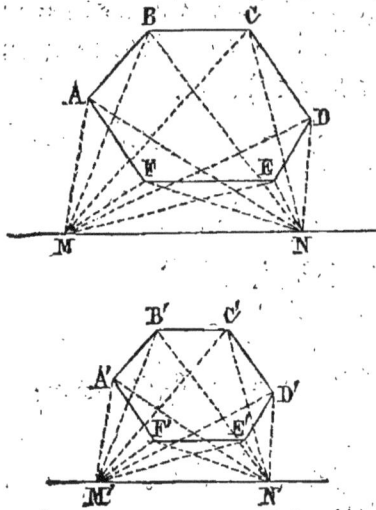

Fig. 58.

jalons bien visibles. On mesure la longueur MN, on met la planchette au point M et on dirige la partie fixe du graphomètre suivant les deux jalons M et N. On trace sur la planchette une ligne M'N' qui correspond à MN, et enfin on prend sur M'N' autant de divisions qu'il y en a sur MN. Ainsi si l'on veut avoir dans la figure 0^m,01 pour 1 décamètre, on prend sur M'N' autant de centimètres que MN contient de décamètres, et le point N est représenté sur le papier par le point N'.

Après avoir placé la planchette au point M, on cherche la valeur de l'angle AMN ; pour cela on laisse toujours la partie fixe suivant la direction MN ou M'N', et on fait tourner la lunette ou l'alidade jusqu'à ce que l'on rencontre le point A en regardant par la pinnule opposée ; on note cet angle et on tire sur la planchette la droite M'A'. On mesure de même les angles BMN, CMN, on transporte la planchette au point N et on mesure successivement les angles ANM, BNM, CNM en tirant sur le papier les lignes droites A'N', B'N', C'N'.

Remarquons que les lignes M'A', N'A' se coupent au point A'; les lignes M'B', N'B' au point B', et les lignes C'M', C'N' au point C', et ces trois points représentent sur le papier les trois points A, B, C, ou, en d'autres termes, le triangle ABC est semblable au triangle A'B'C'.

Du moment qu'il nous a été possible de tracer sur le papier un triangle du polygone ABCDEF, nous pourrons tracer un deuxième, un troisième et par suite tous les triangles du polygone, et nous obtiendrons une figure semblable à la figure du terrain.

Cette méthode est la plus précise de toutes; mais si on n'y prête une très-grande attention, on est sujet à se tromper, en raison de l'arrangement des angles. Il faut, comme en toutes choses, suivre un ordre, et voici celui que nous conseillons.

On doit remarquer que l'on a deux groupes d'angles, l'un ayant pour sommet commun le point M, et l'autre le point N. On mesurera de suite les angles faisant partie du même groupe en commençant par le plus grand. On fera de même pour l'autre groupe, et on en inscrira la mesure sur une feuille séparée dans l'ordre suivant :

AMN = 56°	ANM = 25°,
BMN = 43°	BNM = 42°,
CMN = 30°	CNM = 40°.

6.

En prenant note des angles AMN, ANM à côté
l'un de l'autre, on sait que les côtés A'M', C'N', qui
formeront ces angles, se rencontrent en un point
A' qui représente le point A; de même les deux
angles BMN, BNM ont deux côtés B'M', B'N' qui
se rencontrent en B' qui représente le point B,
et ainsi de suite. On sera moins exposé à se tromper si on agit ainsi pour tous les angles.

On conçoit qu'il n'est pas possible de faire
ces opérations de tracé pendant que l'on est sur
le terrain. On se borne en effet à désigner à peu
près la place de chaque point pour avoir la configuration approximative du plan, c'est ce que
l'on appelle le canevas. Un plan net et propre est
fait chez soi avec les notes exactes que l'on a
prises.

L'échelle de proportion fait trouver la longueur
des droites; la grandeur des angles se trouve
au moyen du rapporteur; c'est un demi-cercle
en corne et par conséquent transparent qui est
divisé en 180 degrés. On pose le centre sur le
sommet de l'angle, on dirige les diamètres suivant le côté de l'angle déjà tracé, et le deuxième
rayon qui termine l'angle est le deuxième côté
de l'angle.

121. La méthode que nous venons d'indiquer
doit être employée quand les points sont inaccessibles; mais elle peut encore l'être quand on
peut arriver jusqu'aux points; il y a même un

avantage dans ce dernier cas, c'est de pouvoir vérifier. Pour cela on se transporte à l'un des sommets du terrain et on examine si l'angle fait par les deux droites qui partent de ce point pour aboutir aux points M et N forme deux angles droits avec les deux autres angles du même triangle. Ainsi l'angle MAN doit être tel qu'ajouté aux angles AMN et ANM, il fasse 180°. Il faudra donc trouver 90° pour l'angle MAN. Les autres vérifications auront lieu de la même manière.

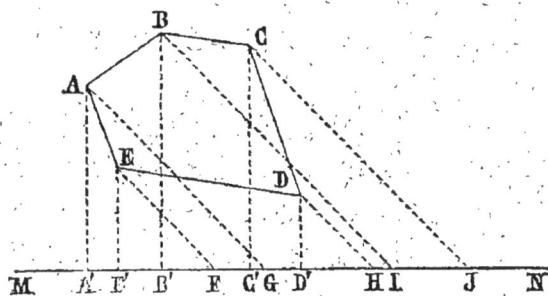

Fig. 59.

122. Il est facile, en se servant de cette méthode, de n'avoir à mesurer que des angles de 90° et 45° dans certains cas.

Soit en effet le terrain ABCDE (*fig.* 59) ; soit décrite la base MN : on déterminera le point A′ qui, joint à A, donne une perpendiculaire à MN. Ce point A′ sera le point de départ pour fixer la position de tous les autres ; on cherchera de même les pieds des perpendiculaires abaissées

des points B, C, D, E. On portera le graphomètre en G, de telle sorte que l'angle G = 45°,
et on aura un triangle isocèle AA'G. On en formera un autre à EE'F, et l'angle F vaut 45°, et
ainsi de suite. On devra déterminer sur le papier
les points A', E', B', après avoir mesuré sur le
terrain les longueurs A'E', E'B', etc., et les distances A'G, E'F, etc. Ensuite aux points A'E'B'
on mènera des perpendiculaires sur MN, et aux
points F, G, H on mènera des droites toutes parallèles entre elles, et faisant avec MN l'angle de
45°, et les points A, B, C seront ainsi détermi-
nés.

123. Si le terrain dont on veut avoir le plan est
terminé par des lignes courbes, ce qui arrive le
plus souvent, on détermine la position de plusieurs points de la courbe, et en les joignant entre
eux on parvient à tracer avec exactitude les différentes sinuosités des lignes.

124. Ces détails bien compris, nous pouvons
étendre nos opérations.

Soit proposé de déterminer les objets les plus
apparents d'un pays, tels que les châteaux,
les tours, les moulins à vent, les crêtes de montagnes, etc., et d'en avoir la distance. On suivra
d'abord la marche indiquée précédemment, et
on fixera sur le papier aussi exactement que possible la position de chacun de ces endroits. En
les joignant par des lignes droites on mesurera

sur le papier avec l'échelle de proportion les distances demandées, et on transformera les millimètres en décamètres, si c'est l'unité qui a été prise.

Ce moyen est sans doute défectueux, mais c'est le seul qui puisse être indiqué ici; il faudrait faire des calculs trigonométriques, ce que ne permettent pas les notions données. Cependant en opérant avec soin sur le papier, on arrivera à un résultat assez exact.

125. La hauteur des édifices peut être mesurée par les méthodes précédentes.

Fig. 60.

Soit une tour AB (*fig.* 60). On choisit un point C, tel que la ligne droite menée du point C au point B, le bas de l'édifice, soit perpendiculaire à AB, ou que BC soit horizontale. On mesure cette longueur BC, soit 43 mètres; ensuite on prend la grandeur de l'angle C au moyen du graphomètre; soit 67°. Quand on a ces nombres, on décrit sur le papier une longueur B'C' à 0m,043 ; on fait au point C' un angle de 67° au moyen du rapporteur; enfin, au point B' on mène une perpendiculaire sur B'C', elle coupe A'C' au point A'; en mesurant exactement B'A', on a la hauteur de la tour en millimètres, et elle aura autant de

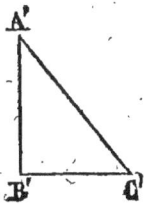

mètres de hauteur; car les triangles ABC, A'B'C sont semblables. Comme les procédés graphiques ne présentent jamais la même exactitude que les calculs, on devra apporter la plus grande attention à prendre les mesures et à les retracer sur le papier.

En employant la propriété du triangle isocèle on peut arriver à avoir un résultat plus exact. Il consiste à placer le graphomètre à un point C tel, qu'il mesure un angle de 45°. Le triangle ABC sera isocèle, et BC sera égal à AB. Il suffira de mesurer BC.

126. Le tracé d'un chemin, d'une rivière est également facile à obtenir. Ordinairement les deux lignes latérales du chemin ont la même direction, ou forment des parallèles.

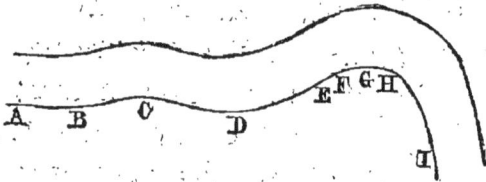

Fig. 61.

Soit la forme du chemin ABCD (*fig.* 61). On place le graphomètre en A et un jalon sur l'alignement AB, au point où la ligne commence à tourner ou à l'inflexion de la ligne. On mesure cette distance et on prend une longueur proportionnelle sur l'échelle de proportion pour la décrire sur le papier. En supposant les deux lignes BA,

BC droites, il existe un angle en B, que l'on mesure avec le graphomètre, ce qui donnera sur le papier la direction BC ; et en mesurant la longueur BC, on aura la position du point C. Puis au point C on peut supposer encore un angle dont les côtés seraient CB, CD, et après l'avoir mesuré on connaîtra la direction de CD et on déterminera encore la position du point D, et ainsi de suite. On voit donc que si l'on prend chaque point d'inflexion pour un point d'arrêt, on aura sur le papier les différentes sinuosités du chemin et on parviendra à le tracer exactement. Mais il arrivera qu'à un contour il ne faudra pas se borner à un seul point. Ainsi en EFGH, il faudra assez rapprocher les points qui doivent servir de sommets d'angles pour que la sinuosité de la ligne soit bien tracée ; quand on aura l'un des côtés du chemin on n'aura qu'à en mesurer la largeur, et l'autre côté n'offrira aucune difficulté. Il est bien clair qu'il suffira de mesurer la largeur en ces différents endroits et d'en tenir compte.

Dans tous les tracés qui ont des sinuosités et où l'on mesure des angles, il faut observer avec soin si l'angle est rentrant ou saillant.

On prend de préférence pour stations les arbres qui se trouvent le long du chemin, et on les indique sur le plan. On mentionne aussi les objets qui en sont assez rapprochés, ainsi que les haies. Toutes ces indications servent à le reconnaître.

Les chemins sont tracés au moyen de lignes assez fortes ; on les force à l'est et au sud. Les fossés sont marqués par des lignes très-fines. Les sentiers s'expriment par des lignes légères très-rapprochées; souvent elles sont ponctuées.

127. La même méthode est suivie dans le tracé des rivières et des ruisseaux. Quand il s'agit des rivières, il est nécessaire de se porter sur les deux rives pour en avoir le parcours; la largeur est plus variable que sur un chemin, et de plus, les sinuosités ne sont pas quelquefois les mêmes de part et d'autre. Il est utile de s'arrêter à chaque endroit où les bords sont couverts, coupés par des haies ou par d'autres objets, et de les marquer sur le plan. Les côtés à l'ouest et au nord sont toujours fortement marqués; on remarquera que la largeur augmente en s'approchant de l'embouchure. Enfin on figure au milieu du lit une flèche dont la direction indique le mouvement des eaux. Quand un ruisseau est très-petit, on le marque avec une seule ligne ; elle est très-fine à son origine et plus forte en s'approchant de l'embouchure.

128. Il y a deux méthodes pour avoir le plan d'un bois. S'il est traversé par des routes sinueuses et irrégulières, on n'a pas d'autre moyen que d'en prendre le contour en mesurant exactement les longueurs des côtés et les angles qu'ils font entre eux On peut y tracer quelques sentiers par

la méthode montrée plus haut; il est essentiel surtout d'en bien fixer sur le contour le point de départ.

Si le bois est traversé par des routes larges et régulières, on commence par prendre le tracé des principales, et on s'en sert pour avoir le contour du bois.

129. Des opérateurs se servent encore de la boussole pour lever un plan. La boussole est renfermée dans une boîte carrée : une alidade est appliquée sur l'un des côtés de la boîte ; les pinnules sont toujours dirigées du nord au sud. Cet instrument est porté sur un trépied : ce qui permet de la poser horizontalement.

On emploie la boussole sur le terrain comme la planchette et l'alidade; elle offre cet avantage que, la direction de l'aiguille étant toujours fixe, les erreurs, quand il y en a, ne s'ajoutent pas.

Pour relever les détails, on la transporte aux différents points dont on veut avoir la position : en la plaçant ainsi dans deux directions partant du même point, on trouve l'angle qu'elles font et on le note.

La boussole sert aussi à orienter les plans : cette opération consiste à tracer sur un plan la ligne du nord au midi; la perpendiculaire à cette dernière donnera l'est et l'ouest.

130. Il est facile de résoudre pour les objets précédents le problème inverse; transporter sur le terrain les opérations indiquées sur le plan. On conçoit en effet que si l'on connaît exactement la grandeur des angles et la longueur des distances, il sera facile de les prendre dans la campagne. Ainsi, quand on veut tracer un chemin dans un pays dont on a le plan exact, on marque sur la carte les principaux points par où il doit passer, et on examine la position de ces points par rapport à celle des autres objets de la campagne. Avec la chaîne et le graphomètre on arrive facilement à les fixer sur le terrain, et par suite à tracer le chemin lui-même.

131. Il y a dans le lever des plans, au moyen du lavis, un langage de convention qui peut être très-utile et qui dépend des différentes couleurs employées. On se sert surtout de l'encre de Chine, de la sépia, du carmin, de l'indigo, du vert d'eau et de la gomme-gutte.

On peut laisser en blanc les terres labourables et en général celles sur lesquelles on doit construire : quelquefois on leur donne une teinte pâle faite avec un mélange d'encre de Chine et de carmin.

Les murs de construction et les travaux de maçonnerie sont lavés au carmin très-clair, et, quand il s'agit d'une appropriation, on passe à

4.

l'encre de Chine les murs qui existent et au carmin ceux qui sont en projet.

Les églises et les chapelles sont exprimées par une croix, et les cimetières par une série de croix.

Les ponts se marquent au carmin s'ils sont en pierre, à l'encre de Chine s'ils sont en bois, par deux lignes perpendiculaires aux deux rives et légèrement arrondies.

Les montagnes sont indiquées à l'encre de Chine par des hachures dont la direction est celle des eaux qui s'en écouleraient. On représente les dunes, qui sont des élévations de sable formées par la mer, comme les montagnes; mais on les pointille : les points sont plus multipliés au sommet qu'à la base.

De petites lignes droites perpendiculaires à la base du plan, alignées et espacées également, expriment des échalas de vignes, et un trait fin de couleur verte, serpentant autour de l'échalas, représente la vigne. Le plan est lavé avec un mélange d'encre de Chine, de carmin, de sépia et d'indigo.

Les prés et les vergers ont une teinte verte. Les friches et les landes ont aussi la couleur verte, mais plus légère.

On exprime les bois et les forêts par des groupes d'arbres : on les multiplie le long des routes ; ils sont représentés en élévation , et , autant que possible, avec la couleur et la forme des feuilles propres à chacun d'eux.

Les marais , les étangs , les rivières et les ruisseaux se lavent avec une teinte bleue légère. Dans les rivières et les ruisseaux, on trace une flèche pour indiquer la direction du courant.

Les bruyères ont une teinte verte et rosée ; les roches, une teinte pâle de carmin mêlé avec un peu d'encre de Chine, et les carrières, une couleur faite avec du bleu et du carmin.

IV. NIVELLEMENT.

CHAPITRE XVII.

Définition du nivellement. — Droite perpendiculaire à un plan. — Plans parallèles. — Surface sphérique. — Points de niveau. — Opérations du nivellement. — Niveau d'eau. — Mire. — Différences de niveau entre deux ou plusieurs points. — Application du nivellement aux constructions. — Niveau de maçon. — Équerre à fil à plomb. — Emploi de ces instruments.

132. Le *nivellement* a pour but de mesurer les différences de niveau entre plusieurs points, ou les différences de distance de ces points au centre de la terre. Pour comprendre cette opération, il est nécessaire d'entrer dans les détails suivants.

133. Une droite est dite perpendiculaire à un plan quand elle est perpendiculaire à toutes les droites qui passent par son pied dans le plan, et comme deux droites déterminent la position d'un plan, il suffit qu'elle soit perpendiculaire à deux droites se croisant à son pied dans le plan.

Deux plans perpendiculaires à la même droite sont parallèles, ou ne peuvent se rencontrer, à quelque distance qu'on les prolonge.

Une surface sphérique est une surface dont tous les points sont également éloignés d'un point intérieur nommé centre.

134. La terre ayant une forme à peu près sphérique, tous les points de sa surface seraient également éloignés du centre si elle était régulière ; mais les inégalités qui existent font qu'il n'en est pas ainsi. On dit que deux points de la terre également distants du centre sont de niveau, ou sont sur une ligne horizontale ; deux points qui en sont inégalement distants ne sont pas de niveau.

L'expérience a démontré que la surface de l'eau, lorsqu'elle est tranquille et n'est soumise à aucune pression, est de niveau dans tous ses points ou qu'elle est horizontale. Ainsi, que l'on remplisse un vase d'eau, la surface supérieure sera de niveau ou horizontale, quand elle sera tranquille.

135. Les opérations du nivellement servent principalement pour l'aplanissement des grandes surfaces, les déblais et les remblais de terre, l'ouverture des routes, le passage des chemins de fer et les travaux divers de terrassements. Elles sont aussi employées pour la conduite des eaux : il faut en effet que le lieu où on les amène soit plus bas que celui où elles coulent. Le nivellement indique les obstacles à enlever et la pente à donner. Deux instruments sont nécessaires dans ces opérations : le *niveau* et la *mire*.

136. Le *niveau* est un tube creux de fer ou de cuivre, d'un mètre environ, terminé par deux autres tubes en verre qui sont perpendiculaires au premier, mais qui sont beaucoup plus petits. Le tube du milieu est attaché par un genou dans un sens opposé aux petits tubes sur un pied à trois branches pour pouvoir poser partout. On peut avec cet instrument indiquer en tout lieu la direction d'une ligne horizontale. A cet effet, on le remplit d'eau jusqu'à ce qu'elle paraisse dans les deux tubes en verre. En vertu de la propriété de l'eau ci-dessus énoncée [134], les deux cercles qu'elle forme dans les deux tubes sont de niveau. Donc si on suppose un rayon visuel de l'un à l'autre cercle, le rayon visuel sera parfaitement horizontal ou de niveau.

Quelquefois on joint des lunettes à cet instrument : il est alors susceptible de plus de précision et peut s'appliquer à des distances plus considérables; quand il n'en a pas, les distances ne doivent pas dépasser 200 mètres.

137. La *mire* est une règle de forme rectangulaire pouvant s'allonger jusqu'à 4 mètres environ, et divisée en mètres, décimètres et centimètres : elle porte une plaque en fer-blanc nommée *voyant*, carré partagé en quatre autres carrés égaux par des droites parallèles aux côtés; chacun d'eux a une couleur particulière et tranchante pour être vu de loin. Ce voyant est mo-

7.

bile tout le long de la règle, et il peut être fixé au moyen d'une vis de pression.

138. Soient deux points (*fig.* 62 A et C pris sur la surface de la terre et éloignés au plus de 200 mètres l'un de l'autre. On veut savoir s'ils sont de niveau, et dans le cas contraire, quel est le plus éloigné du centre de la terre, enfin déterminer leur différence de niveau.

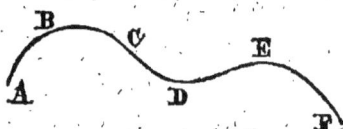

Fig 62.

Un premier opérateur prend, entre ces deux points A et C et autant que possible sur le même aligne- ment, un point B à peu près à égale distance des deux autres. Il y place le niveau. Un second opérateur met la mire bien verticale au point A. Le premier vise avec le niveau vers la mire en faisant signe d'abaisser ou d'élever le voyant jusqu'à ce que le rayon visuel passe par son centre ; alors le porte-mire note la distance du centre du voyant au pied de la mire. Il se trans- porte au point C avec son instrument, le plante verticalement en l'enfonçant de la même quan- tité, et le premier opérateur vise vers le point C avec le niveau, ayant l'attention de conserver la même hauteur. Le porte-mire note encore la distance du centre du voyant au pied de la mire, quand celui-ci est fixé. Si les deux distances ainsi obtenues sont les mêmes, les deux points A et C sont de niveau. Si elles ne sont pas égales, en retranchant la plus petite de la plus grande, on aura la différence de niveau.

139. Il peut exister entre les deux points des montées et des descentes qui empêchent de les voir.

Soient deux points (*fig.* 62) A et F ainsi placés. Prenons, entre eux et autant que possible sur le même alignement, des points B, C, D. E, de telle sorte que l'on voie de B le point A, de C le point B et ainsi de suite. On obtiendra, par l'opération précédente, la différence de niveau entre A et B, entre B et C, entre C et D, et de même pour les autres. Soient les résultats suivants inscrits en deux groupes séparés :

B est plus élevé que A de 0^m,03.
E   —   —   D de 0^m,06.

C est moins élevé que B de 0^m,05.
D   —   —   C de 0^m,04.
F   —   —   E de 0^m,08.

On voit que le premier groupe de chiffres renferme les différences de niveau en plus, et le deuxième les différences de niveau en moins. On fait la somme des nombres de chaque groupe, et l'on soustrait le plus faible du plus fort :

$$0^m,17$$
$$0,09$$

ce qui donne $\qquad 0^m,08$

ou la différence de niveau de A et F ; cela veut dire que le point A est plus éloigné que le point F du centre de la terre de $0^m,08$.

140. On applique également le nivellement aux constructions ; on se sert alors d'autres instruments : le *niveau de maçon* et l'*équerre à fil à plomb*.

Un fil, auquel on a suspendu un poids, abandonné à lui-même, prend une direction dite verticale quand il est au repos. Cette verticale est une perpendiculaire au plan horizontal ou au plan qu'affecte la surface de l'eau tranquille. Donc, tout plan perpendiculaire à cette direction sera parallèle au plan horizontal, ou bien tous les points de ce plan sont de niveau.

Supposons deux pièces de bois de même longueur se réunissant à angle obtus. Faisons tenir les deux côtés par une traverse en bois qui les coupe à la même distance du sommet, nous aurons ainsi un triangle isocèle. Attachons un fil à plomb au sommet, il sera perpendiculaire à la traverse, qui tient lieu de base s'il passe par son milieu ; et réciproquement il passera par le milieu de la base, s'il lui est perpendiculaire. De plus, toute droite et tout plan perpendiculaire au fil à plomb ont la position horizontale, ou tous les points de cette droite et de ce plan sont de niveau.

Ceci bien compris, voici l'usage de cet instrument. Soient posées les deux branches sur un talus, le fil à plomb passe-t-il par le milieu de la base? La surface du talus est perpendiculaire à la direction du fil; elle est donc horizontale et tous les points en sont de niveau. Le fil à plomb ne passe-t-il pas sur le milieu de la base? la surface n'est pas horizontale. Dans ce dernier cas on

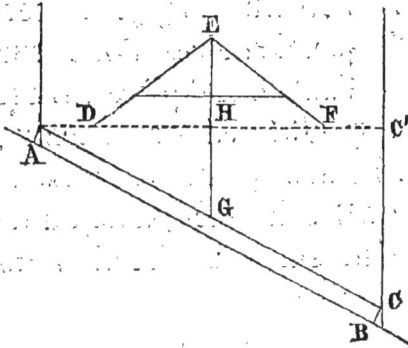

Fig. 63.

peut mesurer une différence de niveau, quand les distances sont petites. Soit un talus AB (*fig.* 63); soit planté un piquet à chacun des points A et B. Une règle AC est posée d'un piquet à l'autre et on met l'instrument DEF sur la règle. On élève celle-ci du côté B, le plus bas, en la laissant appuyée en A, jusqu'à ce que le fil à plomb bien tranquille passe par le milieu H de la base DE. La règle AC' est alors horizontale, et la distance CC' du bas du deuxième piquet B à la règle est la différence de niveau. Cette distance se mesure au moyen d'une autre règle divisée en mètres, décimètres et centimètres. Cet instrument est appelé le *niveau de maçon.*

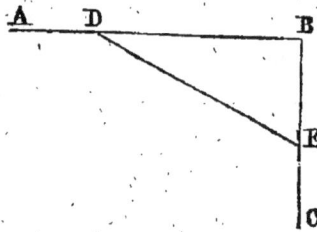

Fig. 64.

L'*équerre à fil à plomb* dispense d'avoir la règle AC. Elle se compose de deux pièces de bois AB, BC (*fig.* 64), perpendiculaires l'une sur l'autre. La pièce AB est beaucoup plus longue que BC ; elles sont tenues par une traverse DE. Le fil à plomb est attaché au point B. Pour que AB soit horizontale ou de niveau, il faut que le fil suive la direction du petit côté BC.

FIN.

TABLE DES CHAPITRES.

——•◆•——

I. NOTIONS DE GÉOMÉTRIE.

IV. NIVELLEMENT.

FIN.

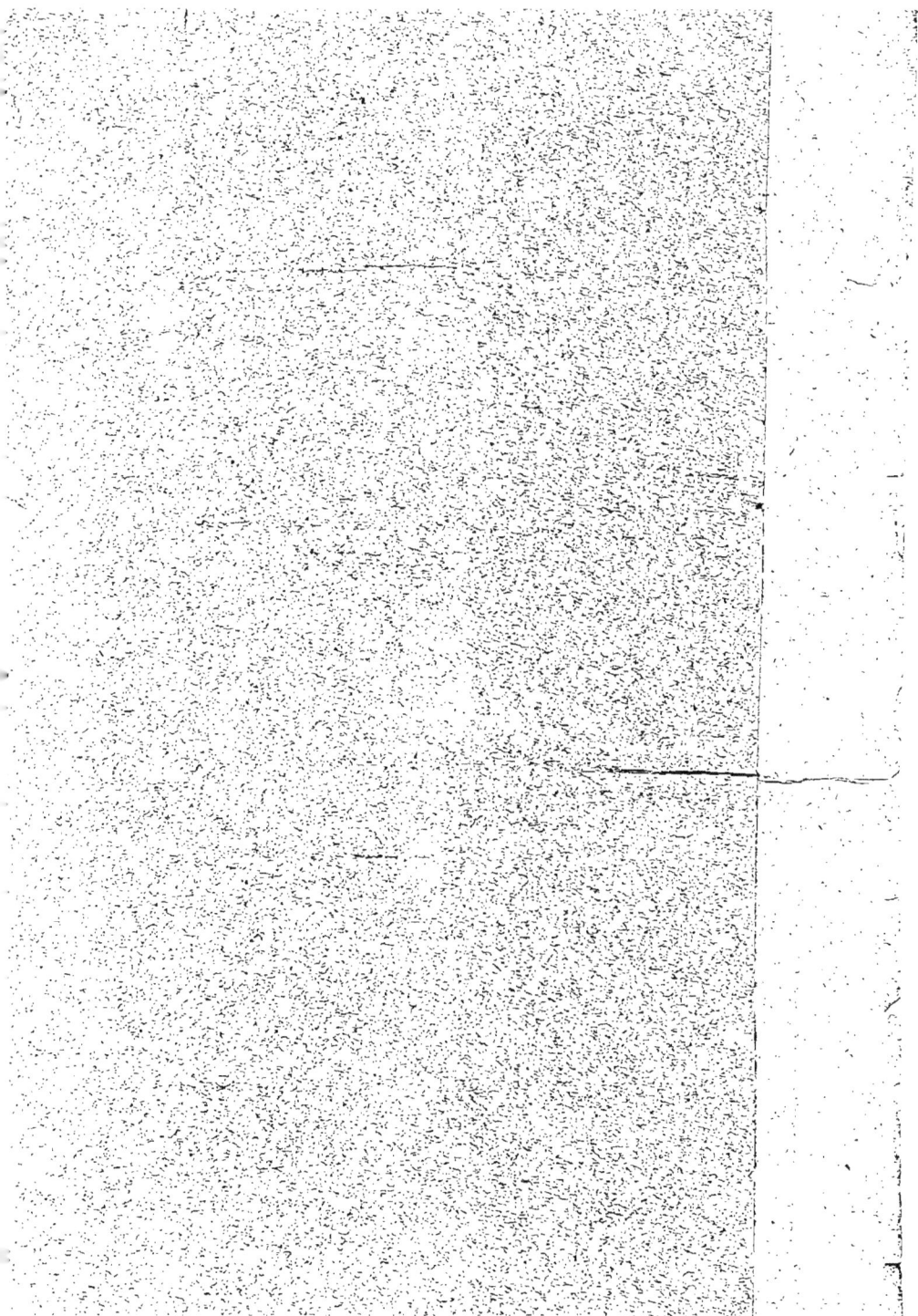

ON TROUVE À LA MÊME LIBRAIRIE :

Lectures instructives sur les Découvertes et les Inventions de la science et de l'industrie, livre de lecture à l'usage des écoles, par M. Alboise du Pujol, inspecteur de l'académie de Paris; 1 vol. in-12.

Livre de Lecture courante, présentant une suite de conseils aux enfants sur leurs devoirs, accompagnés de nombreux exemples historiques, par M. G. Beleze, ancien chef d'institution à Paris : sixième édition ; ouvrage autorisé pour les écoles publiques ; 1 fort vol. in-18.

Père Éloi (le), ou les Causeries d'un vieux laboureur sur l'agriculture et l'histoire naturelle, livre de lecture à l'usage des écoles, par M. Ysabeau, ancien agronome ; 1 vol. in-12.

Morceaux choisis de Fénelon, à la portée des enfants, avec notes explicatives, par M. P. Allain : quatrième édition ; ouvrage autorisé pour les écoles publiques, in-18.

Morceaux choisis des Prosateurs et Poëtes français, avec des notes explicatives, par M. Léon Feugère, ancien censeur des études au lycée Bonaparte : douzième édition ; 1 vol. in-18.

Petites Leçons françaises de Littérature et de Morale, ou Choix des plus beaux Morceaux des Poëtes et Prosateurs français, propres à orner la mémoire et à former le goût, par M. L. Frémont, ancien chef d'institution à Paris : huitième édition ; ouvrage autorisé pour les écoles publiques ; 2 vol. in-18.

Lecture par jour (une), Mosaïque morale, religieuse, historique et littéraire, composée de 365 pièces extraites des meilleurs prosateurs français pour chaque jour de l'année, avec des éphémérides et des remarques, par M. A. Boniface, ancien chef d'institution à Paris : 2e édition ; 4 vol. in-12.